U0160871

# 电磁勘探偏移成像方法

王书明　底青云　王若　著

国家自然科学基金项目"三维 MCSEM 电磁场分解数值滤波方法"
（No.42074085）、国家自然科学基金项目"MCSEM 海水层影响特征
分析及处理方法"（No.41574067）、中国科学院 A 类战略先导科技专
项"智能导钻技术装备体系与相关理论研究"课题"智能导钻系统
集成与试验"（XDA14050000）资助出版

科　学　出　版　社

北　京

# 内 容 简 介

本书阐述电磁勘探偏移成像技术在时域和频域电磁数据中的应用。首先，介绍电磁偏移基本理论和研究历程；然后论述其用于处理时域和频域电磁数据的基础性理论，包括电磁偏移数理基础、电磁偏移场算法与程序实现、电磁场域变换等内容；最后，论述电磁勘探偏移成像技术对时域和频域电磁数据的处理效果和应用价值。

本书可作为应用地球物理学及相关专业大学教师、高年级本科生和研究生的教学参考书，也可供从事电磁勘探资料分析与处理研究的地球物理科技工作者阅读参考。

**图书在版编目（CIP）数据**

电磁勘探偏移成像方法/王书明，底青云，王若著. —北京：科学出版社，2023.2
ISBN 978-7-03-074651-1

Ⅰ.① 电⋯ Ⅱ.① 王⋯ ②底⋯ ③王⋯ Ⅲ.① 电磁法勘探-成像-研究 Ⅳ.① P631.3

中国国家版本馆 CIP 数据核字（2023）第 016396 号

责任编辑：杜 权/责任校对：高 嵘
责任印制：吴兆东/封面设计：苏 波

科学出版社 出版
北京东黄城根北街 16 号
邮政编码：100717
http://www.sciencep.com
固安县铭成印刷有限公司印刷
科学出版社发行 各地新华书店经销
*
开本：787×1092 1/16
2023 年 2 月第 一 版 印张：8 1/2
2024 年 3 月第二次印刷 字数：200 000
定价：98.00 元
（如有印装质量问题，我社负责调换）

在地球物理勘探工作中，对获取的地球物理资料进行准确、有效的解释十分重要。如何提高电磁勘探资料的成像精度、效率，进而提升电磁数据资料解释技术水平，已经成为电磁勘探中一个十分重要的问题。传统的反演方法由于计算量巨大（尤其是三维情况），耗费时间长、效率低。因此，在现有常规反演技术的基础上，学习、发展其他行之有效的电磁勘探资料解释方法尤为必要。

电磁偏移成像技术是 20 世纪 90 年代日丹诺夫（Zhdanov）提出的一种电磁成像方法。电磁偏移成像技术可以广泛应用于很多地球物理研究领域，如重磁位场（矢量或张量）数据的偏移成像、地震数据的偏移成像和电磁场各分量数据的偏移成像等。

本书介绍电磁偏移基本理论和国内外发展历史和现状，以及时域（频域）电磁数据偏移成像理论研究和软件设计。重点阐述基于积分方程法（滤波器法）的电磁偏移场计算解析式、电磁偏移场计算理论滤波器的推导过程，以及具有实际应用价值的电磁偏移场计算数值滤波器。同时分析离散化过程产生的误差，基于理论电磁偏移滤波器推导离散误差校正公式。为了合理运用电磁偏移成像技术，本书详细对比电磁理论滤波器和电磁偏移数值滤波器频谱，分析频率、滤波窗口尺度、偏移步长、采样间距之间的关系及各因素对数值滤波器频谱特征的影响，确定滤波器最优参数选择原则，提供计算二维及三维偏移电磁场、反射函数、地下偏移电导率分布的核心代码。针对电磁数据的域，研究并实现时域与频域偏移之间的转换。总结一般的 MATLAB 串行程序并行化的方法，对程序结构进行必要的分析和认识，找出执行开销较小并可以并行执行的程序段，根据该程序段的特点确定并行方案，提出二维及三维地下偏移电导率计算的并行算法，提高偏移处理工作效率，对并行程序进行调试优化。应用偏移成像技术进行数值模拟试验，建立收发距从零至上千千米全空间二维、三维不同地电模型，利用电磁偏移滤波器求取电磁偏移场，给出足够准确的地下勘探体位置。对重庆石宝寨大地电磁 6 条实测模型数据进行偏移处理，与各测线反演结果进行对比分析，得出主要异常体和断裂分布基本一致。大量数值试验和实测数据偏移成像结果证实电磁偏移成像技术是一种可靠、稳定的电磁资料解释技术。由于研究周期的限制，许多有实际应用价值的偏移成像有待进一步研究和发展，如使用有限差分法实现电磁偏移处理、使用电磁迭代偏移成像提高成像精度、复杂构造时间域偏移成像等。

在本书的撰写过程中，钱才、徐程、苏晓璐、裴任忠、杨浩、卯江明、张慧倩、王鹏飞、王雪梅等同行和学生进行了重要的数据采集工作；学生李思宇、袁文秀、张黎彬、范勇勇、李昭忱、易宏伟进行了大量的基础材料分析、整理、编辑和制图等工作。中国科学院地质与地球物理研究所王妙月教授审阅了本书初稿。作者在美国犹他大学工作期间，Zhdanov 教授提供了良好的工作环境，并就电磁勘探偏移成像方法进行了精心指导。在此向他们表示诚挚感谢！

由于学识和写作时间有限，书中难免存在疏漏和不足之处，欢迎读者批评指正。

作　者

2022 年 8 月

# C目录
## Contents

# 第 1 章

# 绪　论

　　本章主要介绍应用地球物理学勘探方法及发展历程。重点介绍电磁勘探法中各个分支方法的基本原理、资料解释及常用的反演方法，以及电法资料解释法的基本原理。

# 1.1 应用地球物理学勘探方法及发展历程

地球物理学是应用物理学原理、方法及仪器研究和认识地球及其近地空间的一门应用性学科（刘光鼎，2017）。其研究范围包括地球的地壳、地幔、地核和大气层。地球物理学的分支众多，包括固体地球物理学、地震学、地磁学、气象学、应用地球物理学（也称勘探地球物理学，简称物探）等。

应用地球物理学是以岩石、矿石间物理性质（如导电性、导磁性、密度、地震波传播速度、放射性等）的差异为物质基础进行研究的学科。根据岩石等地质体的物理性质差异引起的地球物理场的变化来观测和研究地下的结构，从而实现环境监测、城市地下空间探测、寻找地下水及矿产分布、探明地质构造等。应用地球物理学勘探方法主要有如下 6 种。

## 1.1.1 重力勘探

重力勘探是以地壳中不同岩石间的密度差异为基础，通过观测与研究天然重力场的变化规律以查明地质构造和寻找矿产的一种应用地球物理学方法。从观测重力值中去掉与研究对象无关的各种因素，可以获得单纯由矿产或构造等密度不均匀体产生的重力异常，通过对重力异常的解释就有可能达到勘探矿产的目的。

重力勘探最早起源于 20 世纪初以寻找储油构造为目的的扭秤测量。20 世纪 30 年代，得益于精密、快速、轻便的地面重力仪的出现，扭秤测量被逐步取代，同时，重力勘探的应用领域也得到了大范围的拓展。20 世纪 60 年代，海洋也成为重力勘探应用的场所，配合同时期发展的人造卫星资料的分析与研究，重力勘探在研究地下深部构造、区域地质构造、板块构造等领域发挥了重要的作用。20 世纪 70 年代，制造技术不断提高，第一台观测精度达到微伽级的陆地重力仪诞生。高精度重力仪的出现，推动了微重力测量学的发展，被广泛地应用于水文、工程、环境等领域，为地下洞穴、破碎带、地热田的勘查与监测、地下坑道岩爆的监控与预报等提供了可能。井中重力测量是通过微伽级陆地重力仪改装后实现的，井中微伽级陆地重力仪主要用于地层密度的测定、老油井的重新开发、采油动态监控和探区岩层裂隙发育的调查。20 世纪 50 年代起，美国和苏联已经开始了航空重力测量相关仪器系统和工作方法的研究，全球定位系统与信号数字滤波系统的开发是航空重力测量开始应用的重要条件。自 20 世纪 70 年代起，航空重力测量逐步走向实际应用。重力勘探方法主要用于探查含油气远景区的地质构造、盐丘、圈定煤田盆地及深部构造和区域地质构造（张胜业和潘玉玲，2004）。

## 1.1.2　磁法勘探

组成地壳的岩石磁性不同，可以产生各不相同的磁场，使地球磁场在局部地区发生变化，形成磁异常。地球本身具有磁性，可以视为一个大磁体，在进行磁法勘探时，应对磁力的预测值进行校正，求出只与岩石矿物磁性有关的磁力异常。一般铁矿物中磁性矿物含量越高，磁性越强。磁法勘探就是以不同岩石间的磁性差异为基础，通过研究和分析天然磁场及人工磁场的变化规律以探查地质构造和寻找矿产的一种物探方法。

磁法勘探是地球物理勘探中最古老的方法，我国也是世界上最早发现并应用磁现象的国家。早在 2000 多年前，古人就知道利用天然磁石的吸铁性和指极性。我国发明的指南针传入欧洲后，促使人类对地磁现象展开研究。1640 年，瑞典人开始使用罗盘寻找磁铁矿，开辟了利用磁场异常找矿的新途径。1840 年，高斯（Gauss）对地磁场进行了详细的数学分析，奠定了地磁场论分析的基础。1870 年，瑞典学者泰朗（Thalen）和铁贝尔（Tiberg）制成了万用磁力仪，成为地球物理学开始发展的重要标志。1915 年，施密特（Schmidt）制成了刃口式垂直磁秤，使得磁法勘探的应用领域从寻找磁铁矿扩大到圈定磁性岩体、地质构造及盐丘的探测。1936 年苏联学者罗加乔夫（Логачев）成功试制了感应式航空磁力仪，大大提高了磁测速度和磁测范围，使磁法勘探工作进入了一个新的阶段。20 世纪 50～60 年代，苏联、美国又相继把质子式旋进磁力仪装在船上，开展了海洋磁测。在海洋磁测和古地磁学研究的支持下，大陆漂移学说得以复活，海底扩张学说和板块学说得到了发展。

随着现代科学技术的发展，磁力仪从机械式磁力仪发展到质子旋进磁力仪、光泵磁力仪和超导磁力仪，探测的精度越来越高，可应用的场景越来越广。磁法勘探可以在人造卫星中进行遥感测量，也可以在空中、海洋、井中、地面进行不同分量、不同参量的磁测。借助于电子计算机的广泛应用与新的数学方法和解释理论，大区域的数据处理和精细反演成为可能，磁法勘探这一传统的勘探方法又重新焕发了活力（张胜业和潘玉玲，2004）。

目前，磁法勘探主要用于各种比例尺的地质填图、研究区域地质构造、寻找磁铁矿、勘查含油气构造及煤田构造、寻找含磁性矿物的各种金属与非金属矿床等。磁法勘探与重力勘探有许多共同之处，都是利用位场，资料的解释方法也基本相同，这两种方法在评价远景地区时有很大价值（Dobrin，1953）。

## 1.1.3　地震勘探

地震勘探是指通过观测和分析由人工地震产生的地震波在地下的传播规律，推断地下岩层的性质和形态的应用地球物理学方法。地震勘探始于 19 世纪中叶。1845 年，马利特（Mallet）曾用人工激发的地震波来测量弹性波在地壳中的传播速度，这是地震勘探方法的萌芽。在第一次世界大战期间，交战双方都曾利用重炮后坐力产生的地震波来确定对方的炮位。反射波法地震勘探（简称反射波法）最早起源于 1913 年前后费森登

（Fessenden）的研究，但当时的技术未能达到可以实际应用的水平。1921 年，卡彻（Karcher）将反射波法地震勘探投入实际应用，在美国俄克拉何马州首次记录到人工地震产生的清晰反射波。1930 年，通过反射波法地震勘探工作，在该地区发现了三个油田。此后，反射波法地震勘探进入了工业应用阶段。折射波法地震勘探（简称折射波法）始于 20 世纪早期德国学者名特罗普（Mintrop）的研究。20 世纪 20 年代，在墨西哥湾沿岸地区，利用折射波法发现了许多盐丘构造。20 世纪 30 年代末，苏联的甘布尔采夫（Gamburtsev）等采用了反射波法地震勘探技术，对折射波法地震勘探进行了相应的改进。早期的折射波法地震勘探只能记录最先到达的折射波，改进后的折射波法地震勘探还可以记录后到的各个折射波，并可更细致地研究波形特征。20 世纪 50~60 年代，反射波法地震勘探的光点照相记录被模拟磁带记录取代，从而可选用不同因素进行多次回放，提高了记录质量。20 世纪 70 年代，模拟磁带记录被数字磁带记录取代，形成了以高速数字计算机为基础的数字记录技术、多次覆盖技术、地震数据处理技术相互结合的完整技术系统，大大提高了记录精度和解决地质问题的能力。也是从这一时期开始，根据地震时间剖面振幅异常来判定油气藏的"亮点"技术，以及根据地震反射波振幅与偏移距关系预测油气藏的振幅随偏移距变化（amplitude versus offset，AVO）技术开始得到应用。

地震勘探是地球物理勘探中最重要、解决油气勘探问题最有效的一种方法。它是钻探前勘测石油与天然气资源的重要手段，效果尤为明显（顾功叙，1990）。在煤田和工程地质勘查、区域地质研究、地壳研究和寻找地下水等方面也得到广泛应用。

## 1.1.4　电法勘探

电法勘探是以不同岩石间的电性差异为基础，通过观测和研究天然电磁场及人工电磁场的空间和时间分布规律进行地质勘查及找矿的一种应用地球物理学方法。在电法勘探中，目前利用的岩、石的电学性质主要为导电性、导磁性、激发极化性、自然极化性、压电性和震电性等（李金铭，2005）。当地下地质构造或岩层与矿体之间的典型分布沿水平或垂直方向发生变化时，电场、电磁场空间分布也将发生相应的变化。通过对变化进行定性分析与定量解释，便可以推断出地下的地质构造或矿体的分布情况，完成地质勘探目标。

由于应用对象和自然条件不同，电法勘探常常采用不同的变种或分支方法。按照产生异常场的原因分类，可将所有电法勘探分为两大类，即传导类电法和感应类电法。传导类电法以各种直流电方法为主，如电阻率法、充电法、自然电场法和激发极化法等；感应类电法又可分为电磁剖面法和电磁测深法。按照场源性质分类，可将电法勘探分为主动源法和被动源法。主动源法指电（磁）场是人工建立的，可以人为控制场源的强度，包括电阻率测深法、激发极化法和电磁感应法等；被动源法则不能控制其场源，利用的是天然电（磁）场，包括自然电位法、大地电磁法等。电法勘探可在航空、陆地、海洋和地下等各种空间进行，因此有时也按照观测空间或工作场地不同而将电法勘探分为航空电法勘探、地面电法勘探、海洋电法勘探和地下电法勘探等。

电法勘探始于 19 世纪。天然场源方面：1835 年英国学者福克斯（Fox）首先利用自然电场法发现了一个硫化矿床；20 世纪初大地电磁法（magnetotelluric method，MT）应用于矿产资源勘探；20 世纪 50 年代，苏联学者吉洪诺夫（Tikhonov）和法国学者卡尼亚（Caniard）根据地球的交变电磁场和麦克斯韦方程组，提出了一种可以探测地球深部电性结构的大地电磁法。人工场源方面：19 世纪末有学者提出了直流电阻率法，通过改变不同的极距可以达到剖面测量或测深的目的。1920 年法国学者斯伦贝谢（Schlumberger）发现了激电效应，后经各国学者的深入研究于 20 世纪 50 年代形成了激发极化法。使用交变电磁场的电磁剖面法始于 1917 年，并于 1925 年首次获得找矿效果。20 世纪 30 年代，有学者提出将瞬变电磁信号用于地质勘探的构想。1937 年苏联学者克拉耶夫（Kraev）提出了瞬变电磁测深法，在 20 世纪 50 年代建立了瞬变电磁测深法解释理论与野外施工的技术方法，并在 20 世纪 60 年代成功发现了奥伦堡地轴上的大油田。大地电磁法场源存在随机性，且信号微弱时会导致观测困难，针对这一缺陷，1971 年斯特兰韦斯（Strangway）和戈德斯坦（Goldstein）提出了一种改进方法——可控源声频大地电磁法，采用人工控制的场源，从而有效地解决了这一问题。20 世纪 70 年代末期，有学者开始考虑使用阵列进行电阻率法探测，英国学者所设计的电测深偏置系统实际上就是高密度电法的最初模式。80 年代中期，日本计测株式会社曾借助电极转换板实现了野外高密度电阻率法的数据采集。1904 年德国学者侯斯美尔（Hulsmeyer）首次将电磁波信号用于地下金属体的探测，由于地下介质情况的多样性和电磁波的强衰减性，这一方法发展缓慢。直到 20 世纪 50 年代后期，探地雷达技术才慢慢被重新重视，得以发展和广泛应用。苏联学者于 20 世纪 70~80 年代提出了压电法和震电法，这两种方法分别利用岩石的压电性和震电性。这两种方法目前仍在发展，在未来有望用于矿产资源勘查、剩余油气勘查及地质灾害预报。

电法勘探利用物性参数较多、应用范围较广、成本较低、工作效率较高。电法勘探可以应用于探查区域与深部地质构造、寻找油气田和煤田、勘探金属与非金属矿床及解决水文地质与工程地质中的一些问题。

## 1.1.5　放射性勘探

放射性勘探，是以自然界中某些具有天然核辐射特性的元素为基础，应用核探测技术观测及研究核辐射场分布规律来实现地质勘查目标的一种应用地球物理学方法。1895 年伦琴（Röntgen）发现了 X 射线。1896 年法国物理学家贝克勒尔（Becquerel）发现了放射性现象。1898 年居里（Curie）夫妇发现了钋和镭。1899 年卢瑟福（Rutherford）发现了放射性元素钍与放射性辐射中的α射线和β射线，并通过磁场区分出α射线、β射线和γ射线。1900 年拉姆赛（Ramsay）和格雷（Gray）正式命名了氡元素。1931 年，玻特（Bothe）等利用α粒子轰击锂、铍等轻元素时，发现了一种贯穿力较强的辐射，它能穿过很厚的铅板。随着对原子及其内部结构认识的不断发展、对放射性现象认识的不断加深，原子核物理迅速发展。不断发展的核子测量技术也使在野外进行核技术勘查成为可能。1904 年加拿大学者开始研究收集与探测土壤和河水中氡的装置和方法，成为放射性测量的开端。从 1913 年起，俄国/苏联开始进行铀矿普查。1923 年，苏联学者鲍戈亚夫连斯基（Bogoaylensky）研究并论述了在地质学中利用放射性进行测量与勘探的原理和方法。1932 年，加拿大学者沃格特（Voget）首次采用装有盖革计数器的野外辐射仪进行野外勘探。1949 年，美国学者普林格尔（Pringle）和劳洛顿（Rouloton）成功研制了第一批闪烁式野外辐射仪，并在加拿大阿萨巴斯卡湖附近的铀矿区试验成功。1944 年有学者开始进行航空放射性测量。1949 年美国、加拿大和英国学者开始设计航空闪烁辐射仪。1962 年美国学者研制了高灵敏度的航空 γ 能谱仪，并从 1966 年开始将其应用于矿产资源调查。1977 年美国学者莫尔斯（Morse）对放射性勘探的各种方法做了较为系统的论述。随着时代的发展，出现了中子伽马方法等人工放射性勘探法，用以评价岩石的孔隙度及划分油水界面。

放射性勘探主要用于寻找具有放射性的铀、钍矿床及其他金属与非金属矿床，还可用于寻找油气田、煤田、地下水，以及用于环境监测等。

## 1.1.6　地热测量

地热学是应用地球物理学中新发展起来的研究地热现象、热机制、热状态的一门学科。地热测量是以不同岩石间导热性的差异为基础，通过观测和研究地热场（地温场）的分布规律以实现地质勘查目标的一种应用地球物理学方法。

在 19 世纪前半叶，地热学基本上被认为是物理学中一般热学的部分。1829 年库普佛利（Kupffer）用大量数据绘制出地球表面温度图和大气温度图，并确定出这两个学科通常不一致。之后，傅里叶热传导理论奠定了现代热学的基础，而且还开拓了认识地球内部热状体的途径。意大利是最早利用地热能的国家之一，早在 20 世纪初，意大利就开始用地热能发电。1943 年冰岛首创将地热水用作室内取暖。之后，新西兰、日本、美国等国陆续进行了大量的勘查工作，建立了许多地热发电站。我国对地热方面的研究始于 20 世纪 50 年代。汪集暘和熊亮萍（1993）通过对福建漳州地热田的调查研究，编写了《中低温对流型地热系统》一书，探索了中低温深循环、对流型水热系统等问题。陈墨香等（1994）编写了《中国地热资源：形成特点和潜力评估》，书中对我国地热资源的地质背景、分布规律及成因进行了深入的讨论。目前，学者对地热学的研究内容主要体现在构造地热学、地热地球化学、地热勘探学、热储工程学等方面。

地热测量的主要方法包括地热异常现象调查方法、地球化学和地质学方法、地球物理勘探方法、红外遥感测量方法等（周厚芳 等，2003）。地热测量主要用于探查地质构造、解决水文工程地质中的一些问题及寻找地热田、油气田、煤田和某些金属与非金属矿床等。

# 1.2 电磁勘探法

电磁勘探法是以地壳中岩石的电性（导电性、介电性）和磁性差异为主要物质基础，观测和研究电磁场空间和时间的分布规律，从而寻找地下有用矿床或解决地质问题的一种电法勘探分支方法。

电磁勘探法的变种很多，有用于寻找金属矿的低频感应法，也有用于探寻石油构造、煤田构造和深部构造的频率测深、大地电磁法等。电磁勘探法既可在地面进行测量，也可以在空中进行测量（如航空电磁法）。

电磁勘探法有如下几方面的优点。

（1）电磁勘探法变种多，可利用的频率范围广，因此能够适应各种地质工作的需要。

（2）由于不同地质体电磁参数及形体、大小的不同，它们的电磁响应频率特性也有所差异。电磁勘探法可以应用多频测量加以区分，或突出有用信号，压制干扰。

（3）电磁勘探法可以完全摆脱接地电极，在接地条件不理想的地区进行。还可在空中进行电磁测量，适用于边远地区大面积快速普查。

## 1.2.1 大地电磁法

大地电磁法是一种以天然存在、区域性分布的以交变电磁场为场源的电磁勘探法。在很大区域范围内观测的地球天然交变电磁场称为大地电磁场，它是以地球的电场和磁场分量的变化形式表现出来的。这类天然交变电磁场具有很强的能量及很宽的频带（$10^{-4} \sim 10^{4}\,\mathrm{Hz}$），可以穿过巨厚的岩石圈，为研究几十至几百千米深的地壳与上地幔提供信息。

### 1. 大地电磁法资料处理

大地电磁法可在地表上记录彼此正交的电场和磁场分量，经过适当的数学处理得到反映地下地电结构的视电阻率曲线、相位曲线和其他相关资料。

#### 1）时频变换

大地电磁法野外测量是在时域进行的，得到的是时域信号，而阻抗计算、视电阻率计算都是在频域进行的，因此需要先将时域信号变为频域信号。

采样时间间隔越小，记录资料越长，计算结果越接近真实频谱。实际上，采样是有限的，采样时间间隔必须满足采样定理的要求，否则会产生假频现象。实际工作中记录信号的时间长度总是有限的，会存在截断效应，大地电磁法资料处理中应采取适当的措施以减小截断效应的影响。

时频转换的具体内容可见第4章。

### 2）电场水平分量计算

设有电场 $E_x(\omega)$、$E_y(\omega)$ 和磁场 $H_x(\omega)$、$H_y(\omega)$。一维大地构造上，电场水平分量只与其垂直的磁场水平分量有关，电场与磁场关系式可表示为

$$\begin{cases} E_x = Z_{xy}H_y \\ E_y = Z_{yx}H_x \end{cases} \tag{1.1}$$

对于二维大地构造，电场水平分量既与其垂直的磁场水平分量有关，也与其平行的磁场水平分量有关。电场与磁场关系式可表示为

$$\begin{cases} E_x = Z_{xx}H_x + Z_{xy}H_y \\ E_y = Z_{yx}H_x + Z_{yy}H_y \end{cases} \tag{1.2}$$

### 3）构造电性主轴上的响应函数

构造电性主轴上的响应函数，更利于清晰地展示二维大地构造的电性特征。实际工作中，无法事先准确地知道二维大地构造的走向，因此也就不能直接进行测量，只有通过一定的判别标准估计出二维大地构造的走向，然后通过旋转一定角度计算出走向的阻抗。

### 4）静态效应和静校正

静态效应指的是当近地表存在局部导电性不均匀体时，电流流过不均匀体表面而在其上形成积累电荷，由此产生一个与外电流场成正比的附加电场。附加电场的存在，使实测的各个频率视电阻率相对于不存在局部不均匀体时增加了一个常系数。

静态效应会使测深曲线（一维）定量解释结果（电阻率、层厚度等）产生误差，因此对静态效应作静校正，消除或减小其影响，是大地电磁法资料处理中不可缺少的一项。常用常规空间滤波法、中值空间滤波法和相位导出视电阻率法进行静校正。

## 2. 大地电磁法资料解释

大地电磁法资料解释可分为定性解释、半定量解释及定量解释三类，遵循从已知到未知、从易到难、不断深化的原则。

定性解释是在资料分析的基础上，通过制作各种必要的图件概要性地展示测区电性变化总体特征，从而对大地构造轮廓有一个大致的了解，以指导定量解释。制作的定性图件主要有曲线类型图、视电阻率等值线断面图、平面图等。

半定量解释是将视电阻率与频率的关系近似地转换为电阻率与深度的关系，给出一种比定性解释更为明确的关于地电断面的概念。

定量解释是在定性解释和半定量解释的基础上进行的。定量解释是根据地表测得的地球响应，如视电阻率、相位、表面阻抗等，通过一定的数学处理（反演）求得一个合理的地电模型，定量地给出不同电性介质在地下的分布规律。

## 1.2.2　可控源声频大地电磁法

可控源声频大地电磁法（controlled source audio-frequency magnetotelluric method，CSAMT）与大地电磁法相同，都是利用改变电磁场的频率来控制探测深度。不同的是，前者利用人工源（主动源），后者利用天然源（被动源）。

基于低频成分大地电磁场的大地电磁法主要用于研究地球深部构造。为了更好地研究较浅深度范围（几十米到几千米）的地电构造，在大地电磁法的基础上，发展了声频大地电磁法（audio-frequency magnetotelluric method，AMT）。1970 年，加拿大多伦多大学的 Strangway 教授和学生 Goldstein 针对声频大地电磁法的各种困难，提出了观测人工供电的电磁场，即沿用 AMT 的观测方式，人工控制观测电磁场的频率、场强和方向的方法，称为可控源声频大地电磁法。

### 1. 资料处理

对于 CSAMT，当观测点与场源的距离足够远时，观测点附近的电磁场可以看作垂直入射的平面波，即远区场。由于发送功率有限，为保持足够强的观测信号，收发距总是有限的。这样一来，在中低频上，收发距相对趋肤深度不是很大时，电磁场进入过渡区或近区。然而卡尼亚视电阻率的计算公式是针对远区（或称波区）导出的，因此，在过渡区或近区不满足波区的条件，卡尼亚视电阻率 $\rho_\omega$ 将发生畸变，称为非波区场效应或近场效应。此时需要对过渡区或近区的数据进行校正处理。经过校正处理的资料可以按照大地电磁法资料解释方法进行资料解释。

### 2. 资料解释

频率测深解释的一个重要步骤是视电阻率资料的定性解释，包括直观地分析测深曲线、视电阻率曲线类型图和视电阻率断面等值线图在横向和纵向上所展示的地电断面整体的变化规律。在视电阻率断面等值线图上，可分离出地电断面的隆起、凹陷或由破碎带、接触带、矿体及喀斯特带引起的局部异常。

频率测深的半定量解释主要利用电磁场的趋肤效应。电磁法的勘探深度与趋肤深度有关，电磁场的等效深度可认为是在给定收发距条件下，对观测结果产生有效影响的电流穿透的极限深度。根据均匀大地表面的研究，频域电磁测深的等效深度为

$$z_{效} = \frac{\lambda}{2\pi} = \frac{\sqrt{10^7}}{2\pi} \sqrt{\{T\}\{\rho\}} \approx 503\sqrt{\{T\}\{\rho\}} \tag{1.3}$$

式中：$\lambda$ 为波长；$T$ 为周期；$\rho$ 为地层电阻率。

在多层断面的定性解释中，一般采用等效二层断面来逼近多层断面。

为了进行实测曲线的定量解释，必须选择未受水平不均匀干扰的曲线。定量解释的方法主要包括选择法、图解法和解析法。选择法主要采用量板解释法和计算机拟合法。

频域电磁测深法的量板解释法原则上与直流测深曲线量板解释法相同，并且其等值原理作用范围窄，重合曲线的数目较少。不过目前应用最广的还是基于最小二乘原理，采用正则化理论的最优化自动反演方法。人机联作反演的最大好处是可以充分发挥解释人员所掌握的工区地质资料的作用，有助于取得准确的反演结果。

## 1.2.3 瞬变场电磁法

瞬变场电磁法(transient electromagnetic method，TEM)，也称时域电磁法(time domain electromagnetic method)。TEM 利用不接地回线、长导线或接地电极向地下发送脉冲式一次电磁场，用线圈或接地电极观测该脉冲电磁场感应的地下涡流产生的二次电磁场的空间和时间分布，从而达到探测地下地质体的目的。

### 1. 成果图

TEM 成果图一般有 5 种：①多道 V/I 或 B/I 剖面图；②视电阻率拟断面图；③视电阻率曲线类型图；④视纵向电导-视深度曲线类型图；⑤某些测道的视电阻率或 V/I 平面等值线图。

### 2. 资料解释

TEM 资料解释是根据工区的地质、地球物理特征分析 TEM 响应的时间特性和空间分布特征，确定地质构造的空间分布特点。TEM 兼有剖面法和测深法两种性质，在大多数情况下，既要对整个工区进行偏重于剖面的资料解释，又要对一部分测点的 TEM 响应的时间特性进行测深资料解释。

#### 1) 测深资料解释

定性解释：首先确定各个测点视电阻率曲线类型，结合地质及钻孔资料确定地电断面电性层与地质层位的对应关系，然后大致确定岩层厚度的横向变化，划分曲线类型发生变化的界线。

半定量解释：大致定量地计算地电断面各岩层的厚度和电阻率。常用的方法有两种，即利用视电阻率曲线特征点及渐近线推断目标层参数和利用视纵向电导和视深度参数推断目标层参数。

定量解释：目前对 TEM 资料的定量解释，一般是先用定性解释和半定量解释给出的目标层参数作为初值，根据一维层状大地模型计算理论曲线，再与野外实测曲线进行对比，不断修改目标层参数，使理论曲线与野外实测曲线拟合，将理论模型的目标层参数作为实测曲线的解释层参数，最后将不同测点的一维定量解释得到的相应岩层连接起来，得到二维地电断面。

#### 2) 剖面资料解释

剖面资料解释的重点是获得局部良导地质构造的位置、性质、形态、产状、规模和埋深等信息。剖面资料解释首先应划分异常，然后应划分异常类别，确定异常的性质，筛选出有意义的异常，在可能的情况下，还应确定异常体的电性参数，最后根据视纵向电导解释法或改进的阻尼最小二乘法进行反演，得到地下地层的视电阻率和厚度。

# 1.3　电法资料解释法

进行地球物理勘探是为了解决一定的地质任务，希望最终能获得可靠的地质解释结果。如何对获得的地球物理资料进行有效的地质解释，关键在于对地球物理资料的反演（李大心，2003）。对地球物理资料的反演包括几何结构反演和物性结构（偏移）反演。电磁领域传统的反演是物性结构反演，但从 20 世纪 80 年代开始也逐步涉及几何结构反演。无论是物性结构反演还是几何结构反演，当介质结构复杂、需要获得介质精细的物性和几何结构时，运算耗费时间长、效率低（Zhdanov et al.，2012；Furukawa and Zhdanov，2007；Ueda，2007；Claerbout，1985；Zhdanov，1981；Schneider，1978）。偏移反演需要了解粗略的物性结构，通过偏移得到介质精细的几何结构，对地质体的解释更精细。同时，由于物性是已知的，偏移处理的计算效率明显提高。偏移技术（migration technique）首先在地震领域发展起来，地震波满足波动方程，成像原理比较简单，发展比较成熟。而电磁波是扩散波，扩散波的偏移是一个新事物，因此有必要加强电磁勘探领域电磁波的偏移研究。

下面将分类介绍一些典型的电法资料解释法。

## 1.3.1　基于模型拟合的近似反演法

基于模型拟合的近似反演法就是以有限元、有限差分、积分方程数值模拟为正演的模型拟合反演算法，奥卡姆（OCCAM）法和共轭梯度（conjugate gradient，CG）法属于这类算法。目前该方法已经在地球物理勘探领域得到广泛应用。

### 1. OCCAM 法

OCCAM 法由 Constable 等（1987）提出，通过引入模型粗糙度来压制非数据的模型构造，是一种带平滑约束的非线性最小二乘解决方法，Groothedlin 和 Constable（1990）在 OCCAM 一维反演方法的基础上建立了二维构造的电磁测深光滑模型反演的实用算法。

在反演过程中，为了让模型尽可能地灵活，又要抑制地电结构的不合理性，可采用定义模型粗糙度的方法。粗糙度可表示为模型参数相对某一坐标的一阶或二阶导数平方的积分，如对 $z$ 方向，有

$$R_1 = \int \left(\frac{\mathrm{d}\boldsymbol{m}}{\mathrm{d}z}\right)^2 \mathrm{d}z \quad \text{或} \quad R_2 = \int \left(\frac{\mathrm{d}^2\boldsymbol{m}}{\mathrm{d}z^2}\right)^2 \mathrm{d}z \tag{1.4}$$

式中：$\boldsymbol{m}$ 为模型电性参数矩阵。OCCAM 法反演寻求的解要尽可能地与实际观测数据相

吻合，同时又具有最小粗糙度的地电结构。目标泛函为

$$U = \| Rm \|^2 + \mu^{-1} (\| Wd - WF[m] \|^2 - X_*^2) \tag{1.5}$$

式中：$\| Rm \|^2$ 为模型的粗糙度，$R$ 为粗糙度矩阵；$\mu^{-1}$ 为拉格朗日乘子，即正则化因子；$d$ 为观测数据向量；$F$ 为正演算子；$\| Wd - WF[m] \|^2$ 为标准的二阶范数，表示数据与模型正演响应之间的拟合差 $X^2$；$X_*^2$ 为 $X^2$ 的期望值，理论上值为 1；$W$ 为 $n \times n$ 的数据归一化对角矩阵，$W = \text{diag}\{1/\sigma_1, 1/\sigma_2, \cdots, 1/\sigma_m\}$。

反演迭代过程中为使目标泛函值最小，求取目标泛函的梯度，并令 $\nabla_m U = 0$，这时模型参数 $m$ 满足：

$$\mu^{-1}(WJ)^{\mathrm{T}} WJm - \mu^{-1}(WJ)^{\mathrm{T}} Wd + \partial^{\mathrm{T}} \partial m = 0 \tag{1.6}$$

式中：$\partial$ 为偏微矩阵；$J = \nabla_m F$，$J$ 为雅可比矩阵：

$$J_{ij} = \frac{\partial F[m]}{\partial m_j} \tag{1.7}$$

式中：$J_{ij}$ 为雅克比矩阵元素。

给定一个初始模型 $m_1$，若 $F$ 在 $m_1$ 处可微，则对足够小的向量 $\Delta$ 有

$$F[m_1 + \Delta] = F[m_1] + J_1 \Delta \tag{1.8}$$

式中：$\Delta = m_2 - m_1$，将 $J = \nabla_m F$ 代入 $X^2 = \| Wd - WF[m] \|^2$，则

$$m_2 = [\mu \partial^{\mathrm{T}} \partial + (WJ_1)^{\mathrm{T}} WJ_1]^{-1} (WJ_1)^{\mathrm{T}} Wd_1 \tag{1.9}$$

迭代 $k$ 次后，有模型 $m_{k+1}$：

$$m_{k+1}(\mu) = [\mu \partial^{\mathrm{T}} \partial + (WJ_k)^{\mathrm{T}} WJ_k]^{-1} (WJ_k)^{\mathrm{T}} Wd_k \tag{1.10}$$

式中：$\mu$ 为一种光滑参数式。式（1.10）即为模型空间的模型迭代式。OCCAM 法的反演流程见图 1.1。

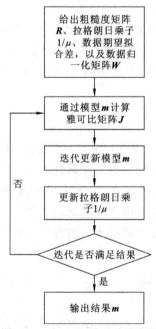

图 1.1　OCCAM 法反演流程图

### 2. 共轭梯度法

共轭梯度法是由 Hestenes 和 Stiefel（1952）最先提出，用来解决系数矩阵是对称正定矩阵的一种迭代方法。共轭梯度法分为线性共轭梯度法与非线性共轭梯度法两种。Tarantola（1987）将该方法引入地球物理非线性反演理论。Rodi 和 Mackie（2001）提出了二维大地电磁非线性共轭梯度（nonlinear conjugate gradient，NLCG）反演算法，该方法是在高斯-牛顿（Gauss-Newton，GN）法和 Mackie-Madden（MM）算法（Mackie and Madden，1993）的基础上发展起来的。

#### 1）目标函数和海塞矩阵

反问题的目标函数定义为

$$\Psi(\boldsymbol{m}) = [\boldsymbol{d} - F(\boldsymbol{m})]^{\mathrm{T}} V^{-1} [\boldsymbol{d} - F(\boldsymbol{m})] + \lambda \boldsymbol{m}^{\mathrm{T}} \boldsymbol{L}^{\mathrm{T}} \boldsymbol{L} \boldsymbol{m} \tag{1.11}$$

式中：$\lambda$ 为正则化因子；正定矩阵 $V$ 与残差向量 $[\boldsymbol{d} - F(\boldsymbol{m})]$ 之间是一个协方差的关系，为数据误差的一种度量；$L$ 为一个二阶差分算子，用来近似逼近拉普拉斯算子 $\nabla^2$；等式右边第二项 $\lambda \boldsymbol{m}^{\mathrm{T}} \boldsymbol{L}^{\mathrm{T}} \boldsymbol{L} \boldsymbol{m}$ 为模型空间上的稳定因子，其本质是为了获得稳定的解从而对地电模型进行约束。

目标函数 $\Psi(\boldsymbol{m})$ 的 $M$ 维梯度向量 $\boldsymbol{g}$ 和 $M \times M$ 对称海塞矩阵 $\boldsymbol{H}$ 定义为

$$\boldsymbol{g}^j \boldsymbol{m} = \partial_j \Psi(\boldsymbol{m}), \quad \boldsymbol{H}^{jk}(\boldsymbol{m}) = \partial_j \partial_k \Psi(\boldsymbol{m}), \quad j,k = 1,2,\cdots,M \tag{1.12}$$

式中：$\partial_j$ 为对第 $j$ 个函数变量的偏微分。令 $\boldsymbol{J}$ 为正演函数 $F$ 的雅克比矩阵，有

$$A^{ij}(\boldsymbol{m}) = \partial_j F^i(\boldsymbol{m}), \quad i = 1,2,\cdots,N; \quad j = 1,2,\cdots,M \tag{1.13}$$

联立式（1.11）～式（1.13），有

$$\boldsymbol{g}(\boldsymbol{m}) = -2A(\boldsymbol{m})^{\mathrm{T}} V^{-1} [\boldsymbol{d} - F(\boldsymbol{m})] + 2\lambda \boldsymbol{L}^{\mathrm{T}} \boldsymbol{L} \boldsymbol{m} \tag{1.14}$$

$$\boldsymbol{H}(\boldsymbol{m}) = 2A(\boldsymbol{m})^{\mathrm{T}} V^{-1} A(\boldsymbol{m}) + 2\lambda \boldsymbol{L}^{\mathrm{T}} \boldsymbol{L} - 2\sum_{i=1}^{N} q^i B_i(\boldsymbol{m}) \tag{1.15}$$

式中：$B_i$ 为 $F^i$ 的海塞矩阵，$\boldsymbol{q} = V^{-1}[\boldsymbol{d} - F(\boldsymbol{m})]$。对于正演函数 $F$，可以将其本身及其梯度向量、海塞矩阵进行一个近似的定义，线性化模型 $\boldsymbol{m}_{\mathrm{ref}}$，有

$$\tilde{F}(\boldsymbol{m}; \boldsymbol{m}_{\mathrm{ref}}) = F(\boldsymbol{m}_{\mathrm{ref}}) + A(\boldsymbol{m}_{\mathrm{ref}})(\boldsymbol{m} - \boldsymbol{m}_{\mathrm{ref}}) \tag{1.16}$$

$$\tilde{\Psi}(\boldsymbol{m}; \boldsymbol{m}_{\mathrm{ref}}) = [\boldsymbol{d} - \tilde{F}(\boldsymbol{m}; \boldsymbol{m}_{\mathrm{ref}})]^{\mathrm{T}} V^{-1} [\boldsymbol{d} - \tilde{F}(\boldsymbol{m}; \boldsymbol{m}_{\mathrm{ref}})] + \lambda \boldsymbol{m}^{\mathrm{T}} \boldsymbol{L}^{\mathrm{T}} \boldsymbol{L} \boldsymbol{m} \tag{1.17}$$

$\tilde{\Psi}$ 的梯度向量和海塞矩阵可表示为

$$\tilde{\boldsymbol{g}}(\boldsymbol{m}; \boldsymbol{m}_{\mathrm{ref}}) = -2A(\boldsymbol{m}_{\mathrm{ref}})^{\mathrm{T}} V^{-1} [\boldsymbol{d} - \tilde{F}(\boldsymbol{m}; \boldsymbol{m}_{\mathrm{ref}})] + 2\lambda \boldsymbol{L}^{\mathrm{T}} \boldsymbol{L} \boldsymbol{m} \tag{1.18}$$

$$\tilde{\boldsymbol{H}}(\boldsymbol{m}_{\mathrm{ref}}) = 2A(\boldsymbol{m}_{\mathrm{ref}})^{\mathrm{T}} V^{-1} A(\boldsymbol{m}_{\mathrm{ref}}) + 2\lambda \boldsymbol{L}^{\mathrm{T}} \boldsymbol{L} \tag{1.19}$$

#### 2）高斯-牛顿法

GN 法迭代过程可描述为递归的最小化 $\tilde{\Psi}$，模型满足：

$$\begin{cases} \boldsymbol{m}_0 = \text{given} \\ \tilde{\Psi}(\boldsymbol{m}_{l+1}; \boldsymbol{m}_l) = \min_{\boldsymbol{m}} \tilde{\Psi}(\boldsymbol{m}; \boldsymbol{m}_l), \quad l = 0,1,2,\cdots \end{cases} \tag{1.20}$$

推导得出此时梯度向量 $\tilde{g}(\boldsymbol{m}_{l+1};\boldsymbol{m}_l)=0$。$\boldsymbol{m}_{l+1}$ 满足线性向量关系：

$$\tilde{H}_l(\boldsymbol{m}_{l+1}-\boldsymbol{m}_l)=-\boldsymbol{g}_l \tag{1.21}$$

式中：$\boldsymbol{g}_l\equiv \boldsymbol{g}(\boldsymbol{m}_l)$，$\tilde{H}_l\equiv\tilde{H}(\boldsymbol{m}_l)$。假定 $\tilde{H}_l$ 非奇异，则 GN 迭代可写为

$$\boldsymbol{m}_{l+1}=\boldsymbol{m}_l-(\tilde{H}_l)^{-1}\boldsymbol{g}_l \tag{1.22}$$

### 3）Mackie-Madden 算法

MM 算法的特点是不完全求解式（1.21）。这种不完全性是指在一定数量的迭代次数 $k$ 后提前终止迭代过程。因此，对于每次迭代，更新模型 $\boldsymbol{m}_{l+1}$ 由如下序列产生：

$$\begin{cases}\boldsymbol{m}_{l,0}=\boldsymbol{m}_l\\ \boldsymbol{m}_{l,k+1}=\boldsymbol{m}_{l,k}+\alpha_{l,k}\boldsymbol{p}_{l,k},\quad k=0,1,\cdots,K-1\\ \boldsymbol{m}_{l+1}=\boldsymbol{m}_{l,K}\end{cases} \tag{1.23}$$

式中：$\boldsymbol{p}_{l,k}$ 为每次迭代时在模型空间上的搜索方向；标量 $\alpha_{l,k}$ 为步长，且有

$$\alpha_{l,k}=-\frac{\tilde{\boldsymbol{g}}^{\mathrm{T}}(\boldsymbol{m}_{l,k};\boldsymbol{m}_l)\boldsymbol{p}_{l,k}}{\boldsymbol{p}_{l,k}^{\mathrm{T}}\tilde{H}_l\boldsymbol{p}_{l,k}}$$

记 $\tilde{\boldsymbol{g}}_{l,k}\equiv\tilde{\boldsymbol{g}}(\boldsymbol{m}_{l,k};\boldsymbol{m}_l)$。至此算法可转化成求解极小值问题：

$$\tilde{\Psi}(\boldsymbol{m}_{l,k}+\alpha_{l,k}\boldsymbol{p}_{l,k};\boldsymbol{m}_l)=\min_{\alpha}\tilde{\Psi}(\boldsymbol{m}_{l,k}+\alpha_{l,k}\boldsymbol{p}_{l,k};\boldsymbol{m}_l)$$

搜索方向可表示为

$$\begin{cases}\boldsymbol{p}_{l,0}=-\boldsymbol{C}_l\boldsymbol{g}_l,\\ \boldsymbol{p}_{l,k}=-\boldsymbol{C}_l\tilde{\boldsymbol{g}}_{l,k}+\beta_{l,k}\boldsymbol{p}_{l,k-1},\quad k=1,2,\cdots,K-1\end{cases} \tag{1.24}$$

式中：等号右边第一项是预处理后的最速下降方向；第二项则是调整搜索方向以使其与前面的搜索方向共轭，即满足 $\boldsymbol{p}_{l,k}^{\mathrm{T}}\tilde{H}_l\boldsymbol{p}_{l,k'}=0,k'<k$。$M\times M$ 正定矩阵 $\boldsymbol{C}_l$ 为一个预调节矩阵，标量 $\beta_{l,k}$ 可表示为

$$\beta_{l,k}=\frac{\tilde{\boldsymbol{g}}_{l,k}^{\mathrm{T}}\boldsymbol{C}_l\tilde{\boldsymbol{g}}_{l,k}}{\tilde{\boldsymbol{g}}_{l,k-1}^{\mathrm{T}}\boldsymbol{C}_l\tilde{\boldsymbol{g}}_{l,k-1}} \tag{1.25}$$

梯度向量的迭代形式可表示为

$$\begin{cases}\tilde{\boldsymbol{g}}_{l,0}=\boldsymbol{g}_l\\ \tilde{\boldsymbol{g}}_{l,k+1}=\tilde{\boldsymbol{g}}_{l,k}+\alpha_{l,k}\tilde{H}_l\boldsymbol{p}_{l,k},\quad k=0,1,\cdots,K-2\end{cases} \tag{1.26}$$

MM 算法的核心是求取每次迭代中的正演函数 $F(\boldsymbol{m}_l)$ 和雅克比矩阵及其转置运算。记 $\boldsymbol{A}_l\equiv\boldsymbol{A}(\boldsymbol{m}_l)$，定义 $\boldsymbol{f}_{l,k}=\boldsymbol{A}_l\boldsymbol{p}_{l,k}$，$k=0,1,\cdots,K-1$，则步长 $\alpha_{l,k}$ 计算式中的分母可表示为

$$\boldsymbol{p}_{l,k}^{\mathrm{T}}\tilde{H}_l\boldsymbol{p}_{l,k}=2\boldsymbol{f}_{l,k}^{\mathrm{T}}\boldsymbol{V}^{-1}\boldsymbol{f}_{l,k}+2\lambda\boldsymbol{p}_{l,k}^{\mathrm{T}}\boldsymbol{L}^{\mathrm{T}}\boldsymbol{L}\boldsymbol{p}_{l,k}$$

梯度向量的迭代可表示为

$$\begin{cases}\tilde{\boldsymbol{g}}_{l,0}=-2\boldsymbol{A}_l^{\mathrm{T}}\boldsymbol{V}^{-1}(\boldsymbol{d}-F(\boldsymbol{m}_l))+2\lambda\boldsymbol{L}^{\mathrm{T}}\boldsymbol{L}\boldsymbol{m}_l\\ \tilde{\boldsymbol{g}}_{l,k+1}=\tilde{\boldsymbol{g}}_{l,k}+2\alpha_{l,k}\boldsymbol{A}_l^{\mathrm{T}}\boldsymbol{V}^{-1}\boldsymbol{f}_{l,k}+2\alpha_{l,k}\lambda\boldsymbol{L}^{\mathrm{T}}\boldsymbol{L}\boldsymbol{p}_{l,k},\quad k=0,1,\cdots,K-2\end{cases} \tag{1.27}$$

### 4）非线性共轭梯度反演算法

与 MM 算法不同的是，NLCG 反演算法直接求解非二次的极小化问题，突破了线性

化迭代反演的框架。NLCG 反演算法的模型序列由一系列的一元极小化或沿着计算的搜索方向的线性搜索所确定：

$$
\begin{cases}
\boldsymbol{m}_0 = \text{given(已知)} \\
\Psi(\boldsymbol{m}_l + \alpha_l \boldsymbol{p}_l) = \min_{\alpha} \Psi(\boldsymbol{m}_l + \alpha \boldsymbol{p}_l), \quad l = 0, 1, 2, \cdots \\
\boldsymbol{m}_{l+1} = \boldsymbol{m}_l + \alpha_l \boldsymbol{p}_l
\end{cases}
\tag{1.28}
$$

搜索方向是对线性共轭梯度的近似，其迭代格式为

$$
\begin{cases}
\boldsymbol{p}_0 = -\boldsymbol{C}_0 \boldsymbol{g}_0 \\
\boldsymbol{p}_l = -\boldsymbol{C}_l \boldsymbol{g}_l + \beta_l \boldsymbol{p}_{l-1}, \quad l = 1, 2, \cdots
\end{cases}
\tag{1.29}
$$

式中：$\beta_l = \dfrac{\boldsymbol{g}_l^{\mathrm{T}} \boldsymbol{C}_l (\boldsymbol{g}_l - \boldsymbol{g}_{l-1})}{\boldsymbol{g}_{l-1}^{\mathrm{T}} \boldsymbol{C}_{l-1} \boldsymbol{g}_{l-1}}$；$-\boldsymbol{C}_l \boldsymbol{g}_l$ 为最速下降方向。与线性共轭梯度不同，NLCG 的搜索方向不必关于某固定矩阵共轭，但需满足

$$
\boldsymbol{p}_l^{\mathrm{T}} (\boldsymbol{g}_l - \boldsymbol{g}_{l-1}) = 0, \quad l > 0
\tag{1.30}
$$

## 1.3.2　快速反演法

在快速反演法中，快速松弛反演（rapid relaxation inversion，RRI）法（Smith and Booker，1991）最具代表性。RRI 法最初是通过解一个与一维相近的反演问题来计算在每个测量位置的电阻率扰动，将大地电磁二维反演问题转化为一系列一维反演问题。谭捍东等（2003）在二维 RRI 法的基础上，将二维反演的思想引入三维反演中，推导出类似于二维快速计算的三维灵敏度矩阵。

在各向同性导体中，假设谐变场时间因子为 $e^{-i\omega t}$，且介质无铁磁性和可忽略位移电流，以 TM 模式为例，由麦克斯韦方程组有

$$
\nabla \times \boldsymbol{H} = \sigma \boldsymbol{E}; \quad \nabla \times \boldsymbol{E} = i\omega\mu \boldsymbol{H}
\tag{1.31}
$$

式中：$\boldsymbol{E}$ 为电场分量；$\boldsymbol{H}$ 为磁场分量；$\sigma$ 为电导率。取 $x$ 轴平行于主轴方向，$y$ 轴垂直于主轴方向，$z$ 轴垂直向下。电流在 $y$-$z$ 平面内流动，磁场分量则与主轴方向平行，有

$$
\begin{cases}
\rho \nabla^2 \boldsymbol{H}_x + \nabla \rho \cdot \nabla \boldsymbol{H}_x = -i\omega\mu_0 \boldsymbol{H}_x \\
\rho \dfrac{\partial \boldsymbol{H}_x}{\partial z} = \boldsymbol{E}_y
\end{cases}
\tag{1.32}
$$

式中：$\rho$ 为电阻率；$\mu_0$ 为真空中的磁导率。式（1.32）也可以表示为

$$
\frac{1}{\boldsymbol{H}_x} \frac{\partial}{\partial z} \rho \frac{\partial \boldsymbol{H}_x}{\partial z} + \left( \frac{1}{\boldsymbol{H}_x} \frac{\partial}{\partial y} \rho \frac{\partial \boldsymbol{H}_x}{\partial y} \right) + i\omega\mu_0 = 0
\tag{1.33}
$$

定义观测数据 $U = \dfrac{\rho}{\boldsymbol{H}} \dfrac{\partial \boldsymbol{H}}{\partial z} = \dfrac{\boldsymbol{E}_y}{\boldsymbol{H}_x} = Z_{yx}$，由此可推出

$$
\frac{1}{\boldsymbol{H}} \frac{\partial}{\partial z} \rho \frac{\partial \boldsymbol{H}}{\partial z} = \frac{\partial U}{\partial z} + \frac{U^2}{\rho}
\tag{1.34}
$$

式（1.33）可表示为

$$\frac{\partial U}{\partial z}+\frac{U^2}{\rho}+\left\{\frac{1}{\boldsymbol{H}}\frac{\partial}{\partial y}\rho\frac{\partial \boldsymbol{H}}{\partial y}\right\}+\mathrm{i}\omega\mu_0=0 \tag{1.35}$$

对于电阻率为 $\rho_0$ 的均匀大地介质，其 $U$ 和 $\boldsymbol{H}$ 分别记作 $U_0$ 和 $\boldsymbol{H}_0$，同样有

$$\frac{\partial U_0}{\partial z}+\frac{U_0^{\;2}}{\rho_0}+\left\{\frac{1}{\boldsymbol{H}_0}\frac{\partial}{\partial y}\rho_0\frac{\partial \boldsymbol{H}_0}{\partial y}\right\}+\mathrm{i}\omega\mu_0=0 \tag{1.36}$$

由于存在趋肤效应，垂向梯度一般远大于水平梯度，此时将式（1.36）减去式（1.35），忽略二阶小量，有

$$\frac{\partial \delta U}{\partial z}+\frac{2U_0\delta U}{\rho_0}-\frac{U_0^2}{\rho_0^2}\delta\rho=0 \tag{1.37}$$

解式（1.37），得

$$\delta U=-\frac{1}{H_0^2(y_i,0)}\int E_0^2(y_i,z)\delta\sigma(z)\mathrm{d}z \tag{1.38}$$

二维 RRI 法的初始模型可由一维反演结果通过三次样条插值形成拟二维剖面，或者根据已知的地质资料来给定，最简单的方法就是令其为均匀半空间。RRI 基于电磁场的垂向梯度一般远大于水平梯度所作的近似，可能会造成反演的迭代过程不稳定，甚至会导致反演失败。为此在反演中引入水平最平缓约束：

$$R_i=\int\left[\frac{\partial m(y,z_i)}{\partial y}\right]^2\mathrm{d}y=\min \tag{1.39}$$

式中：$R_i$ 为对第 $i$ 层（$z_i$ 为其中心深度值）的约束。

## 1.3.3　全局寻优反演法

早期的大地电磁反演方法都是基于线性反演理论，包括马夸特法、广义逆方法、GN 法等，这些大地电磁反演方法经过多年的发展已经相当成熟并得到了广泛的应用。这些线性化近似方法通过将非线性问题近似为线性问题，构造目标函数和线性方程组，一方面导致其强烈依赖于初始模型的选择，初始模型不佳常导致搜索陷入局部极值困境；另一方面求解过程往往涉及解大型线性方程组，尤其是面对二维甚至三维反演问题时，方程组未知变量过多、阶数过高，方程组的条件数过多，使得结果误差增加。

20 世纪 90 年代，国内外学者开始将反演方法的研究转到完全的非线性反演方法上，相继引入了一系列完全非线性全局寻优反演法。

非线性全局寻优反演方法将反演问题看作非线性问题直接求解，不存在系统误差，不涉及矩阵求逆计算，降低了计算复杂度。同时这类方法对初始模型的依赖性很弱，甚至不依赖初始模型。

### 1. 遗传算法

遗传算法（genetic algorithm，GA）由 Holland（1975）提出，是模拟自然选择和遗

传学理论依据适者生存原理而建立的一种新的全局最优化算法。

遗传算法反演模拟生物进化过程。首先通过随机生成一个初始模型群（相当于生物种群）作为初始模型集，这个模型群体有 $N$ 个成员。然后对求取的所有参数按实际情况进行编码（encoding），将它们连接起来形成一条染色体，采用选择、交换和变异等方式对染色体进行操作，通过优胜劣汰筛选出好的个体，每一代通过适应度值来确定个体的好坏。重复上述过程直至模型群体最终演化到全局最优解（师学明和王家映，2008；赵改善，1992）。遗传算法中主要的三个环节为：遗传编码、适应度函数建立和遗传操作。

**1）遗传编码**

遗传算法反演，首先必须将地球物理反演问题中模型空间解的表示映射到遗传空间解的表示，这个操作称为编码，其反操作称为解码（decode）。编码形式很多，如二进制编码、浮点编码、实数编码等，其中二进制编码最为简单易行。二进制编码采用 0 和 1 的编码形式将各个参数表示出来，并连接起来形成一条染色体。

**2）适应度函数建立**

在整个遗传操作中使用适应度函数来评估种群中个体的质量。适应度函数是根据目标函数适当变换得来的，它建立的条件是非负性，不必要求连续性和可导性。适应度函数的建立要求降低，使更多的待求解问题能够方便简单地确立适应度函数。

**3）遗传操作**

遗传操作是实现适者生存、优胜劣汰过程的核心。具体操作方式有以下三种。

（1）选择操作。选择操作是保留好的个体进行下一次迭代。通常情况下，选择算子的方法有轮盘赌选择法、排序选择法、随机联赛选择法等。轮盘赌选择法因具有简单、易理解等优点被大量应用，它的思想是将选择概率用适应度函数表达出来，由选择概率的大小来判断个体的优劣，适应度值越大，选择概率越大，选择复制的机会也就越大。

（2）交换操作。交换操作是将选择的两个个体按照一定的交叉概率进行交换操作，是新染色体产生的主要操作。有效的交换策略可保证遗传算法搜索的效率和质量。交换方法多种多样，既可以单点交换也可以多点交换。

（3）变异操作。变异操作是选择某个染色体，将个体的某个基因位进行变异，变异操作的作用是产生新的个体，以增加种群多样性，防止出现早熟收敛的现象。变异是将染色体中的某些基因执行异相操作。在二进制染色体的串中，选中某一位，如果基因是1，变异时将其变为0，反之亦然。

## 2. 粒子群优化算法

粒子群优化（particle swarm optimization，PSO）算法由 Kennedy 和 Eberhart（1995）提出，通过模拟自然界中鸟类的迁徙和觅食行为来进行寻优。这种方法是将无质量、无体积的粒子作为个体，并为每个粒子规定简单的运动和行为规则，通过群体中粒子间的合作与竞争产生的群体智能实现对问题最优解的搜索。

在 PSO 算法中，每个个体称为一个粒子。算法开始时，模型搜索空间中的粒子以自身随机的初始速度飞行，同时依据自身飞行经验及周围其他粒子的飞行经验进行空间位置的动态更新，即在算法的迭代寻优过程中，每个粒子根据迭代时自身所有最佳位置（即个体最优值）和整个种群的最佳位置来不断地调整自己的飞行方向和速度大小。在 PSO 算法中，待优化问题的解用粒子的位置表示，粒子位置优劣通过计算粒子的适应度来判断，每个粒子由一个速度矢量决定其飞行方向和速度大小。

例如：在一个 $D$ 维模型空间内，有 $m$ 个粒子构成一个搜索群体。当迭代次数为 $t$ 次时，对于第 $i$ 个粒子，其位置矢量可表示为 $X_i(t)=[x_{i1}(t),x_{i2}(t),\cdots,x_{iD}(t)]$，飞行速度表示为 $V_i(t)=[v_{i1}(t),v_{i2}(t),\cdots,v_{iD}(t)]$。

在开始执行 PSO 算法时，先将粒子的位置和速度随机初始化，然后通过迭代寻找最优解。在每次的迭代过程中，通过两个极值来更新粒子：一个是粒子群体中全部的粒子到目前为止所经历过的最佳位置，称为全局极值，表示为 $P_g(t)=[p_{g1}(t),p_{g2}(t),\cdots,p_{gD}(t)]$；另一个极值是粒子自身经历过的最佳位置，称为个体极值，表示为 $P_i(t)=[p_{i1}(t),p_{i2}(t),\cdots,p_{iD}(t)]$。在下一次迭代时，粒子 $i$ 根据式（1.40）和式（1.41）来更新自身速度和空间位置：

$$V_i(t+1)=V_i(t)+c_1\mathrm{rand}_1[P_i(t)-X_i(t)]+c_2\mathrm{rand}_2[P_g(t)-X_i(t)] \qquad (1.40)$$

$$X_i(t+1)=X_i(t)+\omega V_i(t+1) \qquad (1.41)$$

式中：常数 $c_1$ 和 $c_2$ 为学习因子；$\mathrm{rand}_1$ 和 $\mathrm{rand}_2$ 为 $(0,1)$ 的随机数；$\omega$ 为惯性权值。

## 1.3.4　电磁偏移成像法

偏移技术在 20 世纪初首次被提出并在地震勘探中应用（Claerbout，1985；Tarantola，1984；Schneider，1978）。随后其理论不断完善，20 世纪 60～70 年代已实现了数字化波动方程偏移，并广泛应用于石油勘探中。20 世纪 90 年代，Zhdanov 等（2002，2001，1999，1996，1994，1988，1983a，1983b，1981）借鉴地震逆时偏移法，并在此基础上提出了电磁偏移成像法，将偏移技术推广到扩散波，之后又发展了重磁位场的偏移技术，并将偏移技术推广到静位场。

偏移有两个基本步骤：延拓与成像。延拓也称外推，是在已知物性模型等条件下，通过一定运算，将地面观测记录到的各场值（如地震波场、电场或磁场等）换算为地下场值。成像时，若需要确定地下物性界面（如反射界面或地电界面）的几何结构位置，可利用成像原理。

偏移成像可作为地球物理资料解释流程中的最后一步，若结果可靠，可直接作为最终地下地质构造图。偏移成像也常为处理步骤中的中间环节，为其他解释方法提供信息，如偏移结果可作为先验信息加入正则化迭代反演。

很多研究工作表明，相较于传统的三维反演（如聚焦反演），二维偏移成像因其计算量较小可实现快速成像，在速度上占据明显优势。在效果上，二维偏移成像结果也明显优于二维反演结果；在理论上，偏移成像无需任何先验信息也可得到较为准确的结果

（Cai，2012；Puahengsup and Zhdanov，2008；Furukawa and Zhdanov，2007）。另外，偏移成像过程不依赖正则化处理，而在传统反演方法中，为了提高反演质量，利用各种正则化处理方法往往是不可避免的（Zhdanov et al.，2012；陈发裕，2011）。正则化处理意味着模型参数不能太多，这是反演成像的致命缺点。为了得到介质的精细结构或细微的3D结构，这种要求更甚。这种情况利用反演成像很难实现，而从地震领域的实践经验来看，通过偏移成像得到介质的3D细微结构是可能的。

如何对地下介质实现准确而又迅速的成像是目前大地电磁法和声频大地电磁法研究的热点之一。近几十年来，为提高电法勘探解释技术精确度、效率和解的可靠性，众多学者致力于将地震学中一些发展完善或正在发展的先进技术应用到电磁勘探法中。如王家映等（1985）基于电磁波与弹性波的某些相似性，提出应用地震解释方法的形式来解释大地电磁测深曲线以压制解的非唯一性；沈飚和何继善（1993）提出电磁波拟地震波波动方程理论，为电磁场处理技术发展新方法奠定了基础。20 世纪 90 年代，Zhdanov（1999）借鉴地震逆时偏移技术，通过对时域瞬变电磁法和频域大地电磁法的研究，系统性地提出了电磁偏移成像的概念，即将观测电磁场以反方向向地下延拓，并应用成像条件重建地下地质构造及地下地电界面成像，向下延拓可通过对边界值问题的求解来获取。

理论试验和实际应用不断证明，在解释精度和准确度上，电磁偏移成像可以运用于二维和三维构造，相较一维物性参数反演其几何结构解释结果更合理，因此电磁偏移成像是一种有效的解释方法。自20世纪80年代至今，电磁偏移理论发展越来越成熟，其研究内容也更加具体和丰富。电磁偏移方法与地震偏移方法类似，能够快速地将观测数据转换为地下构造界面，在偏移场的计算上采用了类似地震勘探方法中基尔霍夫（Kirchhoff）积分和斯特拉顿-朱兰成（Stratton-Chu）积分，并借助于格林函数计算。约10 年后，Zhdanov 和 Frenkel（1983b）确定了电磁偏移方法应用于实际中的几个重要问题：数据密度、一次场与二次场分离及正确的偏移场计算。Zhdanov 等（1994）阐述了时域电磁偏移成像及电阻率偏移成像方法，利用反射函数的方法获取地下电阻率成像，并在典型的时域电磁资料冷坑实验（cold test pit）中得到很好的解释结果。不久，Zhdanov 等（1996）研究了基于反演的偏移成像方法，提出了以求解剩余场能流密度泛函的最小值寻求异常电导率的一次迭代过程为成像条件，并展望将电磁偏移与传统反演方法结合，通过迭代实现构造成像和物性参数成像的发展前景。频域成像条件是对频率的积分，与时域的成像条件对应，两个域的成像条件物理意义是相同的。Zhdanov 和 Portniaguine（1997）研究了三维情况下的偏移成像理论，并且经过了理论模型的验证。紧接着，电磁偏移方法与传统反演方法的联系在理论上得到证明，说明电磁偏移（基于反演成像）是一种近似的反演过程，它是反演的第一步迭代过程。Zhdanov 和 Li（1997）研究了计算偏移场的有限差分法，在杜福特-弗兰克尔（Dufort-Frankel）有限差分格式的基础上，确立了电磁偏移的二维有限差分格式及差分边界条件，说明有限差分法比积分方程法在可变背景电导率情况下具有更大的优势，并且具有更好的异常电导率分辨率。Zhdanov 和 Li（1998）提出了一种预处理时域电磁偏移成像方法，通过引入一种特殊格式的偏移电阻率权矩阵提高电磁偏移成像有效性。Zhdanov 和 Pavlov（2001）研究了 2.5 维时域电磁偏移成像方法，运用有限差分计算偏移场及基于反演的成像思路，解释了实际的航空瞬变电磁资料，其成像效果较传统一维反演好。Furukawa 和 Zhdanov（2007）对二维时域电磁偏移成像方法做了理论上的研究，其中将计算偏移场的方法称为积分变换法（区别于有限差分法），利用反演方法中的牛顿法进行成像，并将其运用于多道时域电磁（multichannel time domain electromagnetic，MTEM）资料的解释。另外，通过研究在频域结合反演的迭代偏移，时域的迭代偏移方法将是一个更加深入的研究内容。

在国内，王家映等（1985）提出了大地电磁拟地震解释法。20 世纪 90 年代，国内开展了一系列电磁数据偏移的初步探索（李吉松和朴化荣，1994；陈乐寿 等，1993；魏胜和王家映，1993）。于鹏等（2001）提出了一种改进的有限差分法进行大地电磁场偏移成像，通过保留波数对水平方向的一阶导数项，使差分方程精度和成像分辨率得到提高。继而在此基础上，研究了全频段偏移成像技术，丰富了成像信息，提高了分辨率，并推进到适用于复杂地电模型和实际资料处理解释阶段。李貅等（2005）尝试将最优化算法和正则化算法引入波场变换，将时域扩散场转换成虚拟地震子波的虚拟波场，保证了波场变换的算法精度。在此基础上，提出了用基尔霍夫积分法将转换虚拟波场从地面向地下的反向延拓方法。王书明等（2017）对基于扩散属性的电磁偏移场及解释理论进行了系统研究，并在电磁实测数据解释中进行了一定尝试和探索。

电磁偏移成像法的研究自国外开始，由 Zhdanov 等提出至今，将近三十年的发展，其理论及方法越来越成熟。其中涉及的方法越来越丰富，先后发展了计算偏移场的积分变换法和有限差分法，在电阻率成像方面也分别运用了反射函数及结合反演的成像条件。从构造的复杂度来讲，主要的研究内容集中在二维电磁偏移成像，但是其理论仍然可以推广到 2.5 维及三维情况。在实际应用中，国外已进行了将该方法应用于实际资料处理的试验，其解释结果较好，具有将其推广至一般实际电磁资料处理与解释中的潜力。

# 参 考 文 献

陈发裕, 2011. 大地电磁正则化反演及其应用研究. 长沙: 中南大学.

陈乐寿, 王光锷, 陈久平, 等, 1993. 一种大地电磁成像技术. 地球物理学报, 36(3): 337-346.

陈墨香, 汪集旸, 邓孝, 1994. 中国地热资源: 形成特点和潜力评估. 北京: 科学出版社.

底青云, 王妙月, 2001. 积分法三维电阻率成像. 地球物理学报, 44(6): 843-851, 890.

傅良魁, 1991. 应用地球物理教程. 北京: 地质出版社.

顾功叙, 1990. 地球物理勘探基础. 北京: 地质出版社.

李大心, 2003. 地球物理方法综合应用与解释. 武汉: 中国地质大学出版社.

李吉松, 朴化荣, 1994. TM 法电磁相位移偏移研究. 石油地球物理勘探, 29(2): 189-198.

李金铭, 2005. 地电场与电法勘探. 北京: 地质出版社.

李卫东, 2006. 大地电磁反演方法评析及其在地热勘查中的应用研究. 北京: 中国地质大学(北京).

李貅, 薛国强, 宋建平, 等, 2005. 从瞬变电磁场到波场的优化算法. 地球物理学报, 48(5): 1185-1190.

刘光鼎, 2017. 推动地球物理方法创新, 引领探测仪器技术未来. 地球物理学报, 60(11): 4145-4148.

吕国印, 1998. 瞬变电磁法二维逆时偏移. 物探与化探, 22(2): 139-142.

阮帅, 2006. 大地电磁测深偏移成像. 成都: 成都理工大学.

沈飚, 何继善, 1993. 电磁波拟地震波波动方程理论及正演模拟. 石油地球物理勘探, 28(4): 447-452.

师学明, 王家映, 2008. 地球物理资料非线性反演方法讲座(四): 遗传算法. 工程地球物理学报, 5(2): 129-140.

谭捍东, 余钦范, JOHN B, 等, 2003. 大地电磁法三维快速松弛反演. 地球物理学报, 46(6): 850-854.

汪集旸, 熊亮萍, 1993. 中低温对流型地热系统. 北京: 科学出版社.

王家映, OLDENBURG O, LEVY S, 1985. 大地电磁测深的拟地震解释法. 石油地球物理勘探, 20(1): 66-79.

王书明, 底青云, 苏晓璐, 等, 2017. 三维电磁偏移数值滤波器实现及参数分析. 地球物理学报, 60(2): 793-800.

魏胜, 王家映, 1993. 二维大地电磁资料的偏移. 地球物理学报, 36(2): 256-263.

易远元, 王家映, 2009. 地球物理资料非线性反演方法讲座(十): 粒子群反演方法. 工程地球物理学报, 6(4): 385-389.

尹彬, 2017. 大地电磁数据非线性反演方法研究. 武汉: 中国地质大学(武汉).

于鹏, 王家林, 吴健生, 2001. 有限差分法大地电磁多参数偏移成像. 地球物理学报, 44(4): 552-562.

张胜业, 潘玉玲, 2004. 应用地球物理学原理. 武汉: 中国地质大学出版社.

赵改善, 1992. 求解非线性最优化问题的遗传算法. 地球物理学进展, 7(1): 90-96.

周厚芳, 刘闯, 石昆法, 2003. 地热资源探测方法研究进展. 地球物理学进展, 18(4): 656-661.

CAI H, 2012. Migration and inversion of magnetic and magnetic gradiometry data. Salt Lake City: The University of Utah.

CLAERBOUT J F, 1985. Imaging the earth's interior. Oxford: Blackwell Scientific Publications: 399.

CONSTABLE S C, PARKER R L, CONSTABLE C G, 1987. Occam's inversion: A practical algorithm for generating smooth models from electromagnetic sounding data. Geophysics, 52(3): 289-300.

DI Q Y, ZHANG M G, 2004. Time-domain finite-element wave form inversion of acoustic wave equation. Journal of Computational Acoustics, 12(3): 387-396.

DOBRIN M B, 1953. Book reviews: Introduction to geophysical prospecting. Science, 117(3029): 65-66.

FURUKAWA T, ZHDANOV M S, 2007. Two-dimensional time-domain electromagnetic migration using integral transformation//SEG Technical Program Expanded Abstracts 2007. Society of Exploration Geophysicists: 584-588.

GROOTHEDLIN C D D, CONSTABLE S C, 1990. Occam's inversion to generate smooth, two-dimensional models from magnetotelluric data. Geophysics, 55(55): 1613-1624.

HESTENES M R, STIEFEL E, 1952. Methods of conjugate gradients for solving linear systems. Journal of Research of the National Bureau of Standards, 49(6): 409-436.

HOLLAND J H, 1975. Adaptation in natural and artificial systems. Michigan: University of Michigan Press.

KENNEDY J, EBERHART R, 1995. Particle swarm optimization//IEEE International Conference on Neural Networks: 1942-1948.

MACKIE R L, MADDEN T R, 1993. Conjugate direction relaxation solutions for 3-D magnetotelluric modeling. Geophysics, 58(7): 1052.

PUAHENGSUP P, ZHDANOV M S, 2008. Digital filters for electromagnetic migration of marine electromagnetic data. International Workshop on Electromagnetic Induction in the Earth, BeiJing, China.

RODI W, MACKIE R L, 2001. Nonlinear conjugate gradients algorithm for 2-D magnetotelluric inversion. Geophysics, 66(1): 174-187.

SCHNEIDER W A, 1978. Integral formulation for migration in two and three dimensions. Geophysics, 43(1): 49-76.

SMITH J T, BOOKER J R, 1991. Rapid inversion of two- and three-dimensional magnetotelluric data. Journal of Geophysical Research Solid Earth, 96(B3): 3905-3922.

TARANTOLA A, 1984. Inversion of seismic reflection data in the acoustic approximation. Geophysics, 49(8): 1259-1266.

TARANTOLA A, 1987. Inverse problem theory. Methods for data fitting and model parameter estimation. Physics of the Earth and Planetary Interiors, 57(3): 350-351.

UEDA T, 2007. Fast geoelectrical modeling and imaging based on multigrid quasi-linear approximation and electromagnetic migration. Salt Lake City: The University of Utah.

ZHDANOV M S, 1981. Continuation of non-stationary electromagnetic fields in problems in geoelectricity. Phy. Sol. Earth, 17: 944-950.

ZHDANOV M S, 1988. Integral transforms in geophysics. Berlin: Springer-Verlag: 367.

ZHDANOV M S, 1999. Electromagnetic migration: In deep electromagnetic exploration. Berlin: Springer-Verlag: 283-298.

ZHDANOV M S, 2001. Method of broad band electromagnetic holographic imaging: US 6 253, 100 B1.

ZHDANOV M S, 2002. Geophysical inverse theory and regularization problems. Amsterdam: Elsevier.

ZHDANOV M S, BOOKER J R, 1993. Underground imaging by electromagnetic migration. SEG Technical Program Expanded Abstracts. Society of Exploration Geophysicists: 355-357.

ZHDANOV M S, CAI H, Wilson G A, 2012. Migration transformation of two-dimensional magnetic vector and tensor fields. Geophysical Journal International, 189(3): 1361-1368.

ZHDANOV M S, FRENKEL M A, 1983a. The solution of the inverse problems on the basis of the analytical continuation of the transient electromagnetic field in reverse time. Geomag. Geoelectr, 35: 747-765.

ZHDANOV M S, FRENKEL M A, 1983b. Electromagnetic migration//HJELT S E. The development of the Deep Geoelectric model of the Baltic Shield. Oulu: University of Oulu: 37-58.

ZHDANOV M S, KELLER G, 1994. The geoelectrical methods in geophysical exploration. Amsterdam: Elsevier: 873.

ZHDANOV M S, LI W, 1997. 2-D finite-difference time domain electromagnetic migration//SEG Technical Program Expanded Abstracts. Society of Exploration Geophysicists: 370-373.

ZHDANOV M S, LI W, 1998. Preconditioned time domain electromagnetic migration//SEG Technical Program Expanded Abstracts. Society of Exploration Geophysicists: 461-464.

ZHDANOV M S, LIU X, WILSON G A, et al., 2012. 3D migration for rapid imaging of total- magnetic-intensity data. Geophysics, 77(2): J1-J5.

ZHDANOV M S, PAVLOV D A, 2001. Analysis and interpretation of anomalous conductivity and magnetic permeability effects in time domain electromagnetic data. Part II: S μ-inversion. Journal of Applied Geophysics, 46(4): 235-248.

ZHDANOV M S, PORTNIAGUINE O, 1997. Time-domain electromagnetic migration in the solution of inverse problem. Geophysical Journal International, 131(2) :1.

ZHDANOV M S, TRAYNIN P, BOOKER J R, 1996. Underground imaging by frequency-domain electromagnetic migration. Geophysics, 61(3): 666-682.

ZHDANOV M S, TRAYNIN P, PORTNIAGUINE O, 1994. Migration and analytic continuation in geoelectric imaging//SEG Technical Program Expanded Abstracts. Society of Exploration Geophysicists: 357-360.

# 第 2 章

# 时域电磁偏移

　　根据发射场性质的不同，电磁法分为时域电磁法和频域电磁法（frequency domain electromagnetic method，FDEM）。

　　时域电磁法或多道瞬变场电磁法（multichannel transient electromagnetic method，MTEM）常应用于矿产和石油勘探（Zhdanov and Keller，1994）。在传统的瞬变电磁数据解释方法中，对于实际地下地质构造（以三维居多），二维反演由于其固有的缺维特点可能得到一个失真的反演结果；三维反演计算量较大，耗时耗力。另一可选方法是时域电磁偏移法（Furukawa and Zhdanov，2007；Zhdanov et al.，1994）。

　　电磁偏移，是将地表观测电磁场或其分量转换到地下半空间内某位置上的场的一种方法。由于使用了成像条件，地下某位置上的场是由电性结构不均匀造成的，即地下二次源产生的。简单地说，电磁偏移就是一种电磁场转换到二次源处的场。这种特殊转换的结果使得转换的场的极值就在电性异常体的边界，从而重构了地球内部几何结构（Zhdanov，1999）。电磁偏移与光全息技术及地震偏移有一些相似的特征，但在电磁勘探中，电磁偏移为基于电场和磁场耦合的麦克斯韦方程组或基于电场和磁场分离的介质吸收的波动方程的偏移（Zhdanov and Booker，1993），电磁偏移相当于黏弹性介质的地震波偏移。

# 2.1 时域电磁偏移基本理论

地表接收器接收到的电磁场 $E$ 可认为是由两种场的叠加组成：一种是向下传播的场，称下行波场，用 $E^d$ 表示；另一种是入射场经过地下各介质反射回到地面的场，称上行波场，用 $E^u$ 表示：

$$E = E^d + E^u \tag{2.1}$$

在频域中，下行波场和上行波场均为谐变场：

$$E^d = Q^d(x,y,z)e^{ik_b z} \tag{2.2}$$

$$E^u = Q^u(x,y,z)e^{ik_b z} \tag{2.3}$$

式中：$k_b$ 为相对应的背景构造的波数。

$$k_b^2 = i\omega\mu\sigma_b \tag{2.4}$$

式中：$\sigma_b$ 为背景构造电导率。

众所周知，向下延拓经成像条件约束和电磁场偏移可以实现地电成像。若将上行波场向地下外推（即解析延拓）经成像条件约束后可以进行地下成像，然而这种转换本身是不稳定的，因为观测数据中的噪声会随向下延拓深度增大而呈指数增长（Puahengsup and Zhdanov，2008；Wan and Zhdanov，2004；Zhdanov，1988，1981）。另一可选方法是在时域将每个接收器中记录的上行波场的时间流反转过来，再根据扩散方程向下扩散这些逆时信号。经时间域成像条件约束后，这个新的电磁场称为电磁偏移场，用 $E^m$ 表示。电磁偏移场的振幅和噪声随深度向下逐渐衰减，因此能更准确地恢复原上行波场相位（Puahengsup and Zhdanov，2008；Zhdanov et al.，1994）。

电磁偏移场是电磁偏移的前提和核心，而与电磁偏移场密切相关的是逆序时。在电磁偏移理论中，借鉴逆时偏移的概念，相对于正常时间引入逆序时间，并且在逆序时间内电磁场仍然满足在正常时间同样的电磁场基本原理，即电磁扩散方程。逆序时间在电磁偏移过程中起着关键性的作用。通常用 $t$ 表示正常时间，而用 $\tau$ 表示逆序时间。逆序时间在其特征上表现为正常时间 $t$ 的反向时间。

假设地面观测的电场为 $E_x^0(r,t)$、$E_y^0(r,t)$、$E_z^0(r,t)$，磁场为 $H_x^0(r,t)$、$H_y^0(r,t)$、$H_z^0(r,t)$，$E^m(r,\tau)$ 和 $H^m(r,\tau)$ 为电磁偏移场，则在地面上满足条件：

$$\{E_x^m(r,\tau),E_y^m(r,\tau),E_z^m(r,\tau)\}_{z=0} = \{E_x^0(r,\tau),E_y^0(r,\tau),0\}_{z=0} \tag{2.5}$$

$$\{H_x^m(r,\tau),H_y^m(r,\tau),H_z^m(r,\tau)\}_{z=0} = \{H_x^0(r,\tau),H_y^0(r,\tau),H_z^0(r,\tau)\}_{z=0} \tag{2.6}$$

并且还满足方程：

$$\begin{cases} \nabla \times H^m(r,\tau) = \sigma_n(r)E^m(r,\tau) \\ \nabla \times E^m(r,\tau) = -\mu_0 \dfrac{\partial H^m(r,\tau)}{\partial \tau} \end{cases} \tag{2.7}$$

式中：$E^{\mathrm{m}}(r,\tau) \to 0, H^{\mathrm{m}}(r,\tau) \to 0 \ (r \to \infty; z \geq 0)$。

令正常时间 $t = -\tau$，则电磁偏移场满足方程：

$$\begin{cases} \nabla \times H^{\mathrm{m}}(r,t) = \sigma_n(r) E^{\mathrm{m}}(r,t) \\ \nabla \times E^{\mathrm{m}}(r,t) = -\mu_0 \dfrac{\partial H^{\mathrm{m}}(r,t)}{\partial t} \end{cases} \tag{2.8}$$

如果电导率 $\sigma$ 为常数，在均匀半空间模型中电磁偏移场满足扩散方程，有

$$\begin{cases} \nabla^2 E - \mu_0 \sigma_n \dfrac{\partial E}{\partial t} = 0 \\ \nabla^2 H - \mu_0 \sigma_n \dfrac{\partial H}{\partial t} = 0 \end{cases} \tag{2.9}$$

若以 $P$ 表示电磁场的各个分量，以 $P^{\mathrm{m}}$ 表示电磁偏移场的各个分量，有

$$\nabla^2 P^{\mathrm{m}}(r,t) - \mu_0 \sigma \frac{\partial P^{\mathrm{m}}(r,t)}{\partial t} = 0 \tag{2.10}$$

从式（2.10）中可以看出，电磁偏移场方程在形式上与扩散方程相似，唯一的区别在于电磁偏移场方程是在逆时域内描述电磁偏移场满足的规律，且当形成电磁偏移成像剖面时需要代入由成像条件决定的 $\tau$ 值。

为了探测地下电性异常体，将地下电性介质的电导率看作两个部分：背景电导率和异常电导率，即 $\sigma = \sigma_{\mathrm{b}} + \Delta\sigma$，其中 $\Delta\sigma$ 为异常区异常电导率。只有在异常区不为 0 或在异常区外，电磁偏移场才满足扩散方程式（忽略位移电流）。若以 $P^0$ 表示在地表观测的电磁偏移场分量，则有

$$\begin{cases} P^{\mathrm{m}}(r,-t)_{z=0} = P^0(r,t)_{z=0} \\ \nabla^2 P^{\mathrm{m}}(r,-t) + \mu_0 \sigma \dfrac{\partial P^{\mathrm{m}}(r,-t)}{\partial t} = 0 \end{cases} \tag{2.11}$$

如果一般扩散方程描述的是电磁场从源到接收点的传播过程，那么电磁偏移场方程则描述了电磁场从接收点到源传播的反过程。这样，建立电磁偏移场的问题就可归结为地表上行波以反向时间从地表向地下传播的连续性问题。

综合以上论述，电磁偏移技术的核心是建立电磁偏移场，电磁偏移场的求解问题则可转化为地表观测电磁场的逆时向下延拓过程的计算，即满足式（2.11）的电磁场边界值问题，其边界值由观测地表数据决定（Puahengsup and Zhdanov，2008；Ueda，2007；Zhdanov and Portniaguine，1997）。

在求解电磁偏移场的基础上，运用合适的时域或频域成像条件可以获得几何结构剖面，进而应用能量密度函数方法或迭代成像方法实现对地下视电导率或视电阻率分布的重构。

在这个过程中，加入有效的预条件可以大大增加偏移成像的可靠程度，如预条件时域电磁偏移法主张对偏移灵敏度矩阵加权处理得到不同像素的成像图（Li，2002）。

# 2.2　电磁偏移技术特点

电磁偏移成像由地震偏移技术发展而来，电磁偏移成像和地震偏移成像在波场延拓和成像条件方面基本是一致的。但是传统的地震偏移是波动方程的偏移，电磁浅层雷达波偏移与地震偏移一样，都采用波动方程偏移。深部电磁勘探电磁偏移成像采用扩散方程与黏弹性介质中的地震波偏移有类似之处，在频域地震波偏移与电磁偏移都采用亥姆霍兹方程，成像条件类似。电磁偏移与静位场偏移不同，静位场偏移采用泊松方程，成像条件有明显差别。电磁偏移的主要特点有如下几个方面。

（1）电磁波在地下传播的物理特性与地震波不同，主要表现在速度随时间变化，两者在原理、处理方法、工作方法上都存在一定的差异。将扩散方程经过某些适当的数学变换可以变为波动场的叠加法（李貅 等，2005；沈飚和何继善，1993；王家映 等，1985），如从瞬变电磁扩散场到拟地震波场的全时域反变换算法（戚志鹏 等，2012）。通过数学变换的方法是将扩散场等效成波动场，用地震波场求出等效的波动场，实现电磁数据的偏移处理。但电磁偏移成像技术不是将扩散场变成波动场，而是基于扩散方程将地震波场分析的原理应用于电磁数据的偏移处理（王书明 等，2017；于鹏 等，2005）。

（2）电磁偏移场为一次源场传到成像点（即二次源）返回到地面的上行波场，向下延拓的波场为上行波场的逆时反传。因此可通过实际观测场反传处理得到电磁偏移场（Puahengsup and Zhdanov，2008）。

（3）重磁场的向下延拓是病态的、不稳定的，观测数据难以避免误差，而且在下延过程中误差可能被"无限"放大，然而，因为场源在地下，电磁的偏移是用它的镜像源在垂向产生的场的向下延拓来实现的，此时真像在空气中，所以不会产生奇异。而镜像源在地面产生的场和实际源在地面产生的场在地面是相同的且可观测的，此时的观测值向下延拓等同于镜像源的格林函数，因此延拓值不会产生奇异，通过感应的电磁偏移条件可得到电磁偏移剖面，因为此时电磁向下延拓偏移也是稳定的（邓一谦，1982）。电磁上行波场向下偏移的计算采用等效的镜像源格林函数向下延拓方法，因此过程稳定、可以收敛，数据中噪声随着深度增加逐渐衰减（Puahengsup and Zhdanov，2008）。

（4）电磁偏移分为时域和频域两大类，电磁偏移既可以处理时域瞬变场电磁法观测数据，也可以处理频域大地电磁法数据，且都有微分方程和积分方程两种方法：微分方程法包括有限元法、有限差分（微分近似）法；积分方程法包括滤波器（积分近似）法等。时域电磁偏移和频域电磁偏移成像条件的数学表达式不同，时域电磁偏移的成像条件是零时成像条件，这个条件在频域中转换为零时刻场的傅里叶逆变换的积分，但时域和频域的电磁偏移都只能得到电性的几何结构，要得到物性结构，可采用物性结构反演和偏移成像迭代技术，或能流变分技术。时域电磁偏移多用于确定异常体空间位置，频域电磁偏移多用于对地下界面或其内部成像（Zhdanov and Booker，1993）。

# 2.3　上下行波场分离

偏移处理的本质是将每个接收器中记录的上行波场的时间流向反转过来，再根据扩散方程向下扩散这些逆时信号。上行波场是入射场经过地下各介质反射回到地面的场，用 $E^u$ 表示。相对地，向下传播的场称为下行波场，用 $E^d$ 表示。接收器接收到的场称为总波场，是上行波场 $E^u$ 和下行场 $E^d$ 的总和。偏移处理之前需要完成上行波场和下行波场的分离（Zhdanov and Wang，2009；Amundsen et al.，2006），其中一种方法就是 Stratton-Chu 型积分（Stratton-Chu type integrals）变换法（Zhdanov，1988，1980）。

## 2.3.1　上下行波场基本方程

首先假设一个典型的、在起伏海底勘探区域进行海洋可控源电磁（marine controlled source electromagnetic，MCSEM）勘探模型（图 2.1）。实际用于海洋电磁法的频率较低，可以忽略空气中的位移电流，并假设 $\sigma_0$ 无穷小。为了完整性，在推导过程中把这个参数保留在方程中。三维海底构造电导率分布为：$\sigma(r)=\sigma_b+\Delta\sigma(r)$，$r$ 为笛卡儿坐标系 $(x, y, z)$ 中给定点的位置向量，$z$ 轴向下。电磁场由位于某深度海水层中的双极子发射器 $T_x$ 产生，并由位于海底上方某一高度（通常是几米）的 $S$ 面上的接收系统测量。假设 $S$ 是在水平方向上延伸到无限远的平滑曲面，研究区域磁导率处处相等，等于自由空间磁导率常数 $\mu_0$。

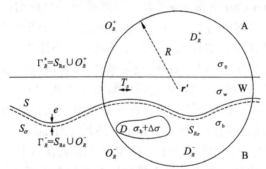

图 2.1　海洋可控源电磁勘探模型示意图及 Stratton-Chu 型积分变换法应用于异常场主部分解示意图

A 为大气所占据的上半空间；W 为海水层；B 为由电导率分布在 $\sigma_b+\Delta\sigma(r)$ 的海底地组合形成的下半空间；$\sigma_w$ 为海水电导率；$\sigma_0$ 为空气电导率；$\sigma_b$ 为海底背景电导率；$\Delta\sigma(r)$ 为海底局部不均匀体（如油气储层）异常电导率；非均质域 $D$ 位于均质或弱异质海底沉积物地层中；$T_x$ 为海水层中的双极子发射器

在 MCSEM 勘探模型中，电磁场满足式（2.12）：

$$\nabla \times H = \begin{cases} \sigma_0 E, & r \in A \\ \sigma_w E, & r \in W; \quad \nabla \times E = i\omega\mu H \\ (\sigma_b + \Delta\sigma(r))E, & r \in B \end{cases} \quad (2.12)$$

将模型中的电磁场表示为两个分量的总和，即上行波场 $\{E^u, H^u\}$ 和下行波场 $\{E^d, H^d\}$，有

$$E = E^{\mathrm{u}} + E^{\mathrm{d}}, \quad H = H^{\mathrm{u}} + H^{\mathrm{d}} \tag{2.13}$$

上行波场 $\{E^{\mathrm{u}}, H^{\mathrm{u}}\}$ 可以视为由电流密度为 $j^{\mathrm{B}}$ 的过剩电流在导电海底面激发的场，满足以下方程：

$$\nabla \times H^{\mathrm{u}} = \begin{cases} \sigma_{\mathrm{w}} E^{\mathrm{u}}, & r \in \mathrm{A} \\ \sigma_{\mathrm{w}} E^{\mathrm{u}} + j^{\mathrm{e}}, & r \in \mathrm{W}; \quad \nabla \times E^{\mathrm{u}} = \mathrm{i}\omega\mu_0 H^{\mathrm{u}} \\ \sigma_{\mathrm{w}} E^{\mathrm{u}} + j^{\mathrm{B}}, & r \in \mathrm{B} \end{cases} \tag{2.14}$$

式中

$$j^{\mathrm{B}} = [\sigma(r) - \sigma_\omega] E \tag{2.15}$$

下行波场 $\{E^{\mathrm{d}}, H^{\mathrm{d}}\}$ 由发射装置中的电流和过剩电流 $j^{\mathrm{A}}$ 激发，并在空气层中传播，满足以下方程：

$$\nabla \times H^{\mathrm{d}} = \begin{cases} \sigma_{\mathrm{w}} E^{\mathrm{d}} + j^{\mathrm{A}}, & r \in \mathrm{A} \\ \sigma_{\mathrm{w}} E^{\mathrm{d}} + j^{\mathrm{e}}, & r \in \mathrm{W}; \quad \nabla \times E^{\mathrm{d}} = \mathrm{i}\omega\mu_0 H^{\mathrm{d}} \\ \sigma_{\mathrm{w}} E^{\mathrm{d}}, & r \in \mathrm{B} \end{cases} \tag{2.16}$$

式中

$$j^{\mathrm{A}} = (\sigma_0 - \sigma_{\mathrm{w}}) E \tag{2.17}$$

## 2.3.2　Stratton-Chu 型积分变换法在场分离中的应用

本小节基于 Stratton-Chu 型积分变换法，详细推导场分离的计算公式。

如图 2.1 所示，假设 $S$ 为在水平方向上延伸到无限远的平滑曲面，引入一个辅助面 $S_e$。辅助面 $S_e$ 通过将平滑曲面 $S$ 沿着 $z$ 轴向下移动一个小距离 $e$ 获得，该辅助面完全位于具有导电率 $\sigma_{\mathrm{b}}$ 的沉积层内。应用相应的边界条件，结合海水中的平滑曲面 $S$ 上观察到的数据，可推算得到位于海底沉积物内的辅助面 $S_e$ 上的电磁数据。

在辅助面 $S_e$ 上，异常场主部等于具有背景电导率 $\sigma_{\mathrm{b}}$ 的介质中电磁场的上行波场部分，将常规的场分离方法应用到上行波场和下行波场（Zhdanov and Wang，2009）。为了避免 Stratton-Chu 型积分计算中的奇异性，确定位于观测表面上方某一点的异常场主部，即 $r' \in \mathrm{W}$。观测电磁场的稳定变换相当于异常场主部的向上延拓，是一个适定性的稳定变换（Zhdanov，1988）。

作一个以 $R$ 为半径，以 $r'$ 为中心的球体 $O_R$（图 2.1）。保持球体 $O_R$ 的半径足够大，使球体完全包含异常区域 $D$。$O_R^-$ 为观测面 $S_e$ 以下的球体部分；$O_R^+$ 为观测面 $S_e$ 以上的球体部分，包括在海水层 W 及在上半空间空气部分；$S_{\mathrm{Re}}$ 为观测面 $S_e$ 在球体内的部分。定义分段光滑闭合曲面 $\Gamma_R^+$ 由半球 $O_R^+$ 与 $S_{\mathrm{Re}}$ 组成，$\Gamma_R^+ = O_R^+ \cup S_{\mathrm{Re}}$，曲面 $\Gamma_R^+$ 为观测面 $S_e$ 上方的球体上半部（$D_R^+$）的闭合边界。类似地，$\Gamma_R^- = O_R^- \cup S_{\mathrm{Re}}$，$\Gamma_R^-$ 曲面为观测面 $S_e$ 下方的球体下半部（$D_R^+$）的闭合边界。

分段平滑闭合曲面 $\Gamma_R^+$ 上的 Stratton-Chu 型积分可通过式（2.18）和式（2.19）表示：

$$C_{\Gamma_R^+}^E(r') = \iint\limits_{\Gamma_R^+} \left[ (n \cdot E)\nabla G_\omega + (n \times E) \times \nabla G_\omega + \mathrm{i}\omega\mu(n \times H)G_\omega \right] \mathrm{d}s \tag{2.18}$$

$$C_{\Gamma_R^+}^H(\boldsymbol{r}') = \iint\limits_{\Gamma_R^+}\left[(\boldsymbol{n}\cdot\boldsymbol{H})\nabla G_\omega + (\boldsymbol{n}\times\boldsymbol{H})\times\nabla G_\omega + \sigma_{\mathrm{b}}(\boldsymbol{n}\times\boldsymbol{E})G_\omega\right]\mathrm{d}s \tag{2.19}$$

式中：$\boldsymbol{r}'\in D_R^+$，$\boldsymbol{n}$ 为 $D_R^+$ 内向下的单位矢量；$G_\omega$ 为具有背景电导率 $\sigma_{\mathrm{b}}$ 的全空间中的亥姆霍兹方程的格林函数：

$$G_\omega(\boldsymbol{r}'|\boldsymbol{r}) = -\frac{1}{4\pi|\boldsymbol{r}-\boldsymbol{r}'|}\exp(\mathrm{i}k_\omega|\boldsymbol{r}-\boldsymbol{r}'|), \quad k_\omega = \sqrt{\mathrm{i}\omega\mu_0\sigma_{\mathrm{b}}}, \quad \mathrm{Re}\,k_\omega > 0 \tag{2.20}$$

Stratton-Chu 型积分是关于电场 $\boldsymbol{E}$ 和磁场 $\boldsymbol{H}$ 的线性算子，根据式（2.15）、式（2.18）和式（2.19）Stratton-Chu 型积分也可以表示为上行波场 $\{\boldsymbol{E}^{\mathrm{u}},\boldsymbol{H}^{\mathrm{u}}\}$ 和下行波场 $\{\boldsymbol{E}^{\mathrm{d}},\boldsymbol{H}^{\mathrm{d}}\}$ 之和：

$$C_{\Gamma_R^+}^E(\boldsymbol{r}') = C_{\Gamma_R^+}^{E^{\mathrm{u}}}(\boldsymbol{r}') + C_{\Gamma_R^+}^{E^{\mathrm{d}}}(\boldsymbol{r}'); \quad C_{\Gamma_R^+}^H(\boldsymbol{r}') = C_{\Gamma_R^+}^{H^{\mathrm{u}}}(\boldsymbol{r}') + C_{\Gamma_R^+}^{H^{\mathrm{d}}}(\boldsymbol{r}') \tag{2.21}$$

区域 $D_R^+$ 内的异常场主部 $\{\boldsymbol{E}^{\mathrm{u}},\boldsymbol{H}^{\mathrm{u}}\}$ 满足

$$\nabla\times\boldsymbol{H}^{\mathrm{u}} = \sigma\boldsymbol{E}^{\mathrm{u}}; \quad \nabla\times\boldsymbol{E}^{\mathrm{u}} = \mathrm{i}\omega\mu_0\boldsymbol{H}^{\mathrm{u}} \tag{2.22}$$

在无穷远处异常场主部将消失为 0。根据 Stratton-Chu 型积分的性质（Zhdanov，1988）有

$$C_{\Gamma_R^+}^{E^{\mathrm{u}}}(\boldsymbol{r}') = \begin{cases} \boldsymbol{E}^{\mathrm{u}}(\boldsymbol{r}'), & \boldsymbol{r}'\in D_R^+ \\ 0, & \boldsymbol{r}'\in C\bar{D}_R^+ \end{cases}; \quad C_{\Gamma_R^+}^{H^{\mathrm{u}}}(\boldsymbol{r}') = \begin{cases} \boldsymbol{H}^{\mathrm{u}}(\boldsymbol{r}'), & \boldsymbol{r}'\in D_R^+ \\ 0, & \boldsymbol{r}'\in C\bar{D}_R^+ \end{cases} \tag{2.23}$$

式中：$D_R^+$ 和 $CD_R^+$ 分别为闭合曲面 $\Gamma_R^+$ 的内部和外部。

相似地，闭合曲面 $\Gamma_R^-$ 上有

$$C_{\Gamma_R^-}^E(\boldsymbol{r}') = C_{\Gamma_R^-}^{E^{\mathrm{u}}}(\boldsymbol{r}') + C_{\Gamma_R^-}^{E^{\mathrm{d}}}(\boldsymbol{r}'); \quad C_{\Gamma_R^-}^H(\boldsymbol{r}') = C_{\Gamma_R^-}^{H^{\mathrm{u}}}(\boldsymbol{r}') + C_{\Gamma_R^-}^{H^{\mathrm{d}}}(\boldsymbol{r}') \tag{2.24}$$

根据式（2.14），在区域 $P_R^-$ 内的下行波场 $\{\boldsymbol{E}^{\mathrm{d}},\boldsymbol{H}^{\mathrm{d}}\}$ 满足

$$\nabla\times\boldsymbol{H}^{\mathrm{d}} = \sigma_\omega\boldsymbol{E}^{\mathrm{d}}; \quad \nabla\times\boldsymbol{H}^{\mathrm{d}} = \mathrm{i}\omega\mu_0\boldsymbol{H}^{\mathrm{d}} \tag{2.25}$$

背景场在无穷远处消失为 0。根据 Stratton-Chu 型积分的性质，可得

$$C_{\Gamma_R^-}^{E^{\mathrm{d}}}(\boldsymbol{r}') = \begin{cases} -\boldsymbol{E}^{\mathrm{d}}(\boldsymbol{r}'), & \boldsymbol{r}'\in D_R^- \\ 0, & \boldsymbol{r}'\in C\bar{D}_R^- \end{cases}; \quad C_{\Gamma_R^-}^{H^{\mathrm{d}}}(\boldsymbol{r}') = \begin{cases} -\boldsymbol{H}^{\mathrm{d}}(\boldsymbol{r}'), & \boldsymbol{r}'\in D_R^- \\ 0, & \boldsymbol{r}'\in C\bar{D}_R^- \end{cases} \tag{2.26}$$

式中：$D_R^-$ 和 $CD_R^-$ 分别为闭合曲面 $\Gamma_R^-$ 的内部和外部。联立式（2.21）和式（2.24），有

$$C_{\Gamma_R^+}^{E^{\mathrm{u}}}(\boldsymbol{r}') + C_{\Gamma_R^-}^{E^{\mathrm{d}}}(\boldsymbol{r}') = \begin{cases} \boldsymbol{E}^{\mathrm{u}}(\boldsymbol{r}'), & \boldsymbol{r}'\in D_R^+ \\ -\boldsymbol{E}^{\mathrm{d}}(\boldsymbol{r}'), & \boldsymbol{r}'\in D_R^- \end{cases}$$

$$C_{\Gamma_R^+}^{H^{\mathrm{u}}}(\boldsymbol{r}') + C_{\Gamma_R^-}^{H^{\mathrm{d}}}(\boldsymbol{r}') = \begin{cases} \boldsymbol{H}^{\mathrm{u}}(\boldsymbol{r}'), & \boldsymbol{r}'\in D_R^+ \\ -\boldsymbol{H}^{\mathrm{d}}(\boldsymbol{r}'), & \boldsymbol{r}'\in D_R^- \end{cases} \tag{2.27}$$

由此可以得到曲面 $S_R$ 上的极限值：

$$\begin{cases} \lim\limits_{\boldsymbol{r}'\to\boldsymbol{r}_0^+}\left[C_{\Gamma_R^-}^{E^{\mathrm{u}}}(\boldsymbol{r}') + C_{\Gamma_R^+}^{E^{\mathrm{d}}}(\boldsymbol{r}')\right] = \boldsymbol{E}^{\mathrm{u}}(\boldsymbol{r}_0), & \boldsymbol{r}_0\in S_R, \boldsymbol{r}_0^+\in\bar{D}_R^+ \\ \lim\limits_{\boldsymbol{r}'\to\boldsymbol{r}_0^+}\left[C_{\Gamma_R^-}^{H^{\mathrm{u}}}(\boldsymbol{r}') + C_{\Gamma_R^+}^{H^{\mathrm{d}}}(\boldsymbol{r}')\right] = \boldsymbol{H}^{\mathrm{u}}(\boldsymbol{r}_0), & \boldsymbol{r}_0\in S_R, \boldsymbol{r}_0^+\in\bar{D}_R^+ \end{cases} \tag{2.28}$$

$$\begin{cases} \lim\limits_{\boldsymbol{r}'\to\boldsymbol{r}_0^-}\left[C_{\Gamma_R^-}^{E^{\mathrm{u}}}(\boldsymbol{r}') + C_{\Gamma_R^+}^{E^{\mathrm{d}}}(\boldsymbol{r}')\right] = -\boldsymbol{E}^{\mathrm{d}}(\boldsymbol{r}_0), & \boldsymbol{r}_0\in S_R, \boldsymbol{r}_0^-\in\bar{D}_R^- \\ \lim\limits_{\boldsymbol{r}'\to\boldsymbol{r}_0^-}\left[C_{\Gamma_R^-}^{H^{\mathrm{u}}}(\boldsymbol{r}') + C_{\Gamma_R^+}^{H^{\mathrm{d}}}(\boldsymbol{r}')\right] = -\boldsymbol{H}^{\mathrm{d}}(\boldsymbol{r}_0), & \boldsymbol{r}_0\in S_R, \boldsymbol{r}_0^-\in\bar{D}_R^- \end{cases} \tag{2.29}$$

曲面 $S_R$ 上的极限值也可以表示为

$$
\begin{cases}
\lim_{r' \to r_0^+}\left[C_{\Gamma_R^-}^{E^u}(r') + C_{\Gamma_R^+}^{E^d}(r')\right] = C_{O_R^-}^{E^u}(r_0)E^u + C_{S_R}^{E^u}(r_0) + \frac{1}{2}E^u(r_0) + C_{O_R^+}^{E^d}(r_0) + C_{S_R}^{E^d}(r_0) + \frac{1}{2}E^d(r_0) \\
\lim_{r' \to r_0^-}\left[C_{\Gamma_R^-}^{E^u}(r') + C_{\Gamma_R^+}^{E^d}(r')\right] = C_{O_R^-}^{E^u}(r_0)E^u + C_{S_R}^{E^u}(r_0) - \frac{1}{2}E^u(r_0) + C_{O_R^+}^{E^d}(r_0) + C_{S_R}^{E^d}(r_0) - \frac{1}{2}E^d(r_0)
\end{cases}
\tag{2.30}
$$

式中：$C_{S_R}^{E^u}(r_0)$ 和 $C_{S_R}^{E^d}(r_0)$ 为柯西积分主值。

考虑辐射条件，当 $R \to \infty$ 时，积分 $C_{O_R^-}^{E^u}(r_0)$ 和 $C_{O_R^+}^{E^d}(r_0)$ 将衰减至 0。当 $R \to \infty$ 时，由式（2.13）可得

$$E^u(r_0) = \frac{1}{2}[E^u(r_0) + E^d(r_0)] + C_S^{E^u}(r_0) + C_S^{E^d}(r_0) \tag{2.31}$$

$$E^d(r_0) = \frac{1}{2}[E^u(r_0) + E^d(r_0)] - C_S^{E^u}(r_0) - C_S^{E^d}(r_0) \tag{2.32}$$

最终有

$$E^u(r_0) = \frac{1}{2}E(r_0) + C_S^E(r_0) \tag{2.33}$$

$$E^d(r_0) = \frac{1}{2}E(r_0) - C_S^E(r_0) \tag{2.34}$$

对于磁场，同样有

$$H^u(r_0) = \frac{1}{2}H(r_0) + C_S^H(r_0) \tag{2.35}$$

$$H^d(r_0) = \frac{1}{2}H(r_0) - C_S^H(r_0) \tag{2.36}$$

式（2.33）～式（2.36）中：$C_S^E(r_0)$ 和 $C_S^H(r_0)$ 为 Stratton-chu 型积分方程在整个观测面 $S_e$ 的积分值。在 $r_0$ 点处，有

$$C_S^E(r_0) = \iint\limits_{S}\left[(n \cdot E)\nabla G(r_0|r) + (n \times E) \times \nabla G(r_0|r) + i\omega\mu_0(n \times H)G(r_0|r)\right]ds \tag{2.37}$$

$$C_S^H(r_0) = \iint\limits_{S}\left[(n \cdot H)\nabla G(r_0|r) + (n \times H) \times \nabla G(r_0|r) + \sigma_\omega(n \times E)G(r_0|r)\right]ds \tag{2.38}$$

式中：$G(r_0|r)$ 为全均匀空间中亥姆霍兹方程格林函数。式（2.33）～式（2.36）描述了在观测面 $S_e$ 总场的一种特殊变换，这种变换的结果可分离出上行波场和下行波场。

## 2.4　电磁偏移场算法

频域电磁偏移和时域电磁偏移在向下延拓部分得到向下延拓场时的过程是一致的，只是在成像条件的表述上不一致：在时域中，成像条件确定为 $t_m$，物理意义比较明确，也容易实现；在频域中，难以用单个频率来表示成像条件，因为一个频率对应一个趋肤深度，只能对应一个深度点。实际上频域电磁偏移的成像条件是将频域的电磁偏移场转换成时域的电磁偏移场，可表示为

$$E^m(r, t_m) = \int E^m(r, \omega)e^{j\omega t_m}d\omega$$

即由 $t_{\mathrm{m}}$ 时刻的傅里叶变换得到。特别地，当 $t_{\mathrm{m}}=0$ 时，有

$$\boldsymbol{E}^{\mathrm{m}}(\boldsymbol{r},t_{\mathrm{m}}) = \int \boldsymbol{E}^{\mathrm{m}}(\boldsymbol{r},\omega)\,\mathrm{d}\omega$$

这即为频域电磁偏移的成像条件。在电磁偏移成像方法中，主要显示的是电性异常体的几何结构分布情况。但根据频域频率积分的成像条件，可以直接利用频域电磁偏移场值获得异常电导率或总电导率的分布，从而达到物性成像的目的。经过电磁偏移获得的电导率为偏移电导率，与真电导率不同。可以通过物性反演成像的迭代得到真电导率。

## 2.4.1　电磁偏移场积分变换法

正确的电磁偏移场计算是电磁偏移成像的前提，而求解电磁偏移场值的过程即是求解伴随麦克斯韦方程组的边界值。求解电磁偏移场主要有基于格林函数的积分变换法及基于有限差分法。

Zhdanov 等（2007）提出的基于格林函数的积分变换法是地球物理中重要的概念与方法。下面介绍基于积分变换算子的电磁偏移场计算过程。

为了求解电磁偏移场对应的边界值问题，确定地下介质中任意一点 $(x',z')$，并且以该点为中心确定一个半径为 $R$ 的圆形区域。位于下半空间的弧形边界为 $O_R$，在地表位置 $Z=0$ 处的边界定义为 $L_R$，由 $O_R$ 和 $L_R$ 围成的区域表示为 $S$，如图 2.2 所示。

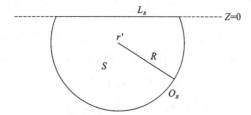

图 2.2　电磁偏移场问题求解辅助区域示意图

利用伴随方程的格林函数的二维形式 $G^{2\mathrm{d}}$，在时域中满足：

$$\nabla^2 G^{2\mathrm{d}} + \mu_0 \sigma_{\mathrm{b}} \frac{\partial G^{2\mathrm{d}}}{\partial t} = \delta(\boldsymbol{r}-\boldsymbol{r}')\delta(t-t') \tag{2.39}$$

式中：$G^{2\mathrm{d}}$ 为具有背景电导率 $\sigma_{\mathrm{b}}$ 的全空间中的亥姆霍兹方程的格林函数的二维形式，有

$$G^{2\mathrm{d}}(\boldsymbol{r}',t'\,|\,\boldsymbol{r},t) = \frac{1}{4\pi(t'-t)}\mathrm{e}^{\frac{-\mu_0\sigma_{\mathrm{b}}|\boldsymbol{r}'-\boldsymbol{r}|^2}{4(t'-t)}}\,\boldsymbol{H}(t'-t) \tag{2.40}$$

式中：$\boldsymbol{H}(t'-t)$ 为赫维赛德（Heaviside）函数，可表示为

$$\boldsymbol{H}(t'-t) = \begin{cases} 1, & t'-t>0 \\ 0, & t'-t<0 \end{cases} \tag{2.41}$$

结合式（2.39）～式（2.41），可得电磁偏移场：

$$\boldsymbol{P}^{\mathrm{m}}(\boldsymbol{r}',\tau') = \int_{-\infty}^{\infty}\int \left( \boldsymbol{P}^{\mathrm{m}}\frac{\partial G^{2\mathrm{d}}}{\partial n} - G^{2\mathrm{d}}\frac{\partial \boldsymbol{P}^{\mathrm{m}}}{\partial n} \right)\mathrm{d}l/\mathrm{d}\tau \tag{2.42}$$

如果设辅助函数 $g$ 为扩散方程式（2.42）在区域 $S$ 上的任意解，那么可以用 $G^{2\mathrm{d}}+g$

代替 $G^{2d}$，式（2.42）仍然成立，即转换为

$$P^m(r',\tau') = \int_{-\infty}^{\infty} \int \left[ P^m \frac{\partial (G^{2d}+g)}{\partial n} - (G^{2d}+g)\frac{\partial P^m}{\partial n} \right] \mathrm{d}l\mathrm{d}\tau \qquad (2.43)$$

假定当区域 $S$ 的半径 $R$ 趋于无穷大时，$g \to 0$，以及当 $\tau < 0$ 或 $\tau > T$ 时，$P^m \equiv 0$，那么式（2.43）可以写为有限积分区域上的积分形式：

$$P^m(r',\tau') = \int_0^T \int_{-\infty}^{\infty} \left[ P^m \frac{\partial (G^{2d}+g)}{\partial z} - (G^{2d}+g)\frac{\partial P^m}{\partial z} \right] \mathrm{d}l\mathrm{d}\tau \qquad (2.44)$$

式（2.44）存在电磁偏移场的垂向导数，而只有地表处的电磁偏移场值是已知的。为了解决这个问题，设计辅助函数为

$$g(r,\tau'|r,\tau) = -G^{2d}(r'',\tau'|r,\tau) \qquad (2.45)$$

式中：位置点 $r''$ 是位置点 $r'$ 关于地表水平面的对称点。辅助函数 $g$ 满足：

$$(G^{2d}+g)_{z=0} \equiv 0 \qquad (2.46)$$

将 $P^m$ 代入辅助函数 $g$，可得在辅助函数下的电磁偏移场简化形式：

$$P^m(r',T-t') = -2\int_{t'}^T \int_{-\infty}^{\infty} P^0(r,t) \frac{\partial \tilde{G}^{2d}(r',t'|r,t)}{\partial z} \mathrm{d}x\mathrm{d}t \qquad (2.47)$$

式中：$\tilde{G}^{2d}$ 为格林函数 $G^{2d}$ 的共轭（伴随）格林函数，可表示为

$$\tilde{G}^{2d}(r',t'|r,t) = -\frac{1}{4\pi(t-t')} \mathrm{e}^{\frac{-\mu_0\sigma_b|r'-r|^2}{4(t-t')}} H(t'-t) \qquad (2.48)$$

式（2.48）具有与瑞利（Rayleigh）积分相似的形式。与地震勘探类似，式（2.47）包含（伴随）格林函数，描述在空间和正常时间内向观测位置传播的场的特征，即上行波场。进一步研究（伴随）格林函数，其具有如下特征：

$$\frac{\partial G^{2d}(r',t'|r,t)}{\partial z} = -\frac{\partial \tilde{G}^{2d}(r',t'|r,t)}{\partial z'} \qquad (2.49)$$

将式（2.47）转换为式（2.50）：

$$P^m(r',T-t') = 2\int_{t'}^T \int_{-\infty}^{\infty} P^0(r,t) \frac{\partial \tilde{G}^{2d}(r',t'|r,t)}{\partial z'} \mathrm{d}x\mathrm{d}t \qquad (2.50)$$

代入 $\tilde{G}^{2d}$ 的具体表达式，可以得到二维时域电磁偏移场的计算公式。电磁偏移场问题的解最终表示为

$$P^m(r',T-t') = \frac{\mu_0\sigma_b z'}{4\pi} \int_{t'}^T \int_{-\infty}^{\infty} P^0(r,t) \frac{1}{(t-t')^2} \mathrm{e}^{-\mu_0\sigma_b \frac{(x'-x)^2+z'^2}{4(t-t')}} \mathrm{d}x\mathrm{d}t \qquad (2.51)$$

从式（2.51）可以看出，电磁偏移场可以理解为地表观测电磁场数据的一种特殊的积分变换形式，这也是将该求解电磁偏移场的方法称为积分变换法的原因。式（2.51）还表明：$P^m(r',T-t')$ 是从地面观测资料 $P^0(r,t)$ 向下延拓到 $r'$ 点得到场的一个时间序列，即在 $r'$ 点场是不断变化的，如果 $r'$ 点为一个由不均匀造成的二次源点，则当 $T-t'=t_m$ 时场值最大；如果 $T$ 为一次源得到 $r'$ 所需的时间，则 $T-t'=0$，即 $T=t'$时场值最大，使用此成像条件，电磁偏移场 $P^m(r',0)$ 即是偏移剖面，是电性几何结构的展示。

## 2.4.2　近场电磁偏移场数值计算

在计算近场电磁偏移场的数值方法中，Zhdanov 和 Portniaguine（1997）采用了一种简单的近似方法，假定在每一个测点间隔和采样时间段内，观测场数据变换很慢，以至可以用一个数据值来代替该范围内的观测场值。即计算单变量定积分时，可以用矩形的面积代替积分函数确定区域的面积，当小矩形的边长（步长）无限小时，这种近似的方法可以在一定精度上满足积分计算的要求。在这种近似代替的方法下，连续积分式可以表示为

$$\boldsymbol{P}^{\mathrm{m}}(\boldsymbol{r}',T-t')=\frac{\mu_0\sigma_{\mathrm{b}}z'}{4\pi}\sum_{t'}^{T}\sum_{x_{\min}}^{x_{\max}}\int_{t'}^{T}\int_{-\infty}^{\infty}\boldsymbol{P}^0(x_i,t_j)\frac{1}{(t_j-t')^2}\mathrm{e}^{-\frac{\mu_0\sigma_{\mathrm{b}}\frac{(x'-x_i)^2+z'^2}{4(t_j-t')}}{}}\Delta x\Delta t \tag{2.52}$$

正如单变量积分可以理解为积分某一特定区域的面积，二重积分可以理解为由积分函数确定的顶面及积分区域围成的区域的体积。若使用简单的近似计算方法，即用某一个值来代替该值所在小区域的所有值，二重积分的计算即简化为求多个小柱体的体积和。

假设在测线方向上的测点个数为 $N_x$，时间采样点数为 $N_t$，那么关于测线方向和时间的积分区域可以划分为 $(N_x-1)\times(N_t-1)$ 个网格，划分区域如图 2.3 所示。对于每一个划分网格，在该网格的 4 个顶点处，可获得在这些顶点处的观测场值及根据式（2.52）计算出在顶点处的积分节点值。同时，为了计算简便，将偏移时刻 $t'$ 置于采样时间点上，这样 $t'$ 可以利用时间间隔转化为某个整数值，由此就可以确定计算电磁偏移场需要的观测场的范围。数值积分问题即可以描述为已知各个网格节点处积分函数值，并且在 $x$ 方向全范围及在时间 $t$ 某一区间段围成的矩形区域内，利用上述数值转换的近似方法，计算以这些网格为底面、以该网格的近似函数值为高的柱体的体积和。对于网格柱体的底面，其面积为 $\Delta s = \Delta x \times \Delta t$。网格上的近似函数值的选取，理论上对于每一个网格，已知存在 4 个网格节点函数值可以近似等于该网格上的值，但考虑数值计算式，由于式（2.52）函数分母为 $t_j - t'$，对于第 $(i,j)$ 个网格，如果取 $t = t_j$ 处的函数值作为网格上的近似值，在计算积分函数值时会出现分母为 0 的情况。因此，对于第 $(i,j)$ 个网格，底边两个网格节点的函数值不适合作为对应网格的近似函数值。也就是说，可以选择网格左上角或右上角的节点值作为该网格的近似函数值。经过上述分析，数值计算可以总结为首先计算划分网格的面积，其次计算第 $(i,j)$ 个网格上的近似函数值，取坐标为 $(x_{i+1}, t_{j+1})$ 的观测场值 $P^0$ 与积分核函数值的乘积作为积分函数值，即近似柱体的高，最后求出每一个小柱体的体积并在积分区域内叠加，得到最终的数值结果。

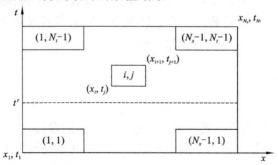

图 2.3　电磁偏移场积分变换法网格划分区域示意图

上述方法采用了简单的数值近似过程，为了比较数值积分的结果，引入一种数值积分方法。运用数值积分的思想，如果在 $[a,b]$ 上某些节点的积分函数值已知，那么可以构造求积公式来计算该区间上的积分值：

$$\int_a^b f(x)\mathrm{d}x = \sum_{k=0}^n A_k f(x_k) \tag{2.53}$$

基于数值近似的思想，数值积分公式针对不同数量的节点具有不同的求积公式，包括两点梯形公式、三点辛普森（Simpson）公式、四点牛顿-科茨（Newton-Cotes）公式及五点 Cotes 公式，并且其代数精度也随着使用节点数的增加而提高。具体求积公式依次表示为

$$I_1 = \Delta h \times \left[ \frac{1}{2} f(x_1) + \frac{1}{2} f(x_2) \right] \tag{2.54}$$

$$I_2 = \Delta h \times \left[ \frac{1}{6} f(x_1) + \frac{2}{2} f(x_2) + \frac{1}{6} f(x_2) \right] \tag{2.55}$$

$$I_3 = \Delta h \times \left[ \frac{1}{8} f(x_1) + \frac{2}{8} f(x_2) + \frac{2}{8} f(x_2) + \frac{1}{8} f(x_4) \right] \tag{2.56}$$

$$I_4 = \Delta h \times \left[ \frac{7}{90} f(x_1) + \frac{16}{45} f(x_2) + \frac{2}{15} f(x_2) + \frac{16}{45} f(x_4) + \frac{7}{90} f(x_5) \right] \tag{2.57}$$

式中：$f(x_i)$ 为 $x_i$ 节点处的积分函数值；$\Delta h$ 为求和系数。

# 2.5  偏移核函数

电磁偏移场的计算过程是将地表的观测数据进行一种特殊的积分变换，其中积分变换的核函数可表示为

$$K_\mathrm{m} = \frac{1}{(t-t')^2} \mathrm{e}^{-\mu_0 \sigma_\mathrm{b} \frac{(x'-x)^2 + z'^2}{4(t-t')}} \tag{2.58}$$

该核函数具有连续函数的形式。观测数据 $\boldsymbol{P}^0$ 为 $x$ 和 $t$ 方向上的离散值，而核函数具有连续形式，也就是说，离散求和结果主要受限于观测数据 $\boldsymbol{P}^0$ 的采样密度。但是从另一方面来看，核函数 $K_\mathrm{m}$ 是离散求和的部分因子而且具有明确的表达形式。因此，通过研究核函数能在一定程度上评价将连续积分转换为离散求和的效果和有效性。在这种前提下，针对核函数 $K_\mathrm{m}$ 做一些理论化的研究与分析。

## 2.5.1  一般特征

由于 $K_\mathrm{m}$ 具有明确的表达形式，可以通过设计合适的参数，研究其值与 $x$ 方向及 $t$ 方向上的关系。核函数参数主要包括偏移时刻 $t'$、背景电导率 $\sigma_\mathrm{b}$、偏移位置坐标 $(x',z')$。根据实际情况，观测记录时间一般为 500 ms～1 s，偏移时刻分别取 0 ms、50 ms、200 ms，

背景电导率分别取 1 S/m、0.1 S/m、0.001 S/m。对于偏移位置的坐标值，矿产勘探中时域电磁法勘探深度一般在 2 km 以内，考虑一般性及统一性，将偏移位置定在 100 m 深度处，剖面长度为 2 km。

为了说明核函数的一般特征，取背景电导率为 1 S/m，偏移位置与测点位置的 $x$ 坐标相距 200 m，偏移时刻为 50 ms，验算得到结果如图 2.4～图 2.6 所示，其中，$x$ 轴表示偏移时刻，$y$ 轴表示偏移核函数的值。当偏移位置相对测点位置越远时，偏移核函数的峰值越小，其尾部趋势越平缓，尾部效应越明显，因此当相对距离较远时，推测利用近似求积计算电磁偏移场的效果可能更好。同时为了对比多种相对距离，选取 0～2 000 m 的区间段，共 21 个等间隔测点位置，证明随着相对偏移距离的增大，近端效应减弱，远端效应增强，即偏移积分近似效果可能更好。但是，这种效果的增强并不是随着相对偏移距离的增大不断增加的，而是逐渐趋于稳定。也就是说，当相对偏移距离增加到一定程度时，近似积分的效果受相对偏移距离的影响减弱并逐渐趋于稳定。

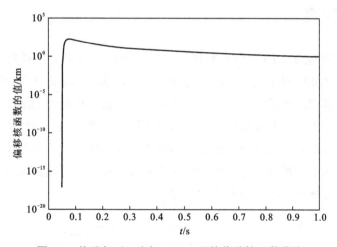

图 2.4 偏移相对 $x$ 坐标 400 m 下的偏移核函数曲线

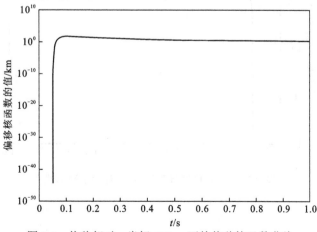

图 2.5 偏移相对 $x$ 坐标 600 m 下的偏移核函数曲线

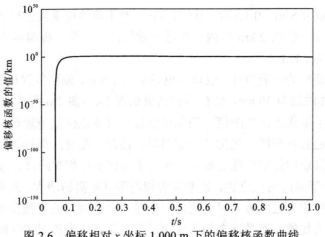

图 2.6　偏移相对 $x$ 坐标 1 000 m 下的偏移核函数曲线

## 2.5.2　影响因素

为了研究背景电导率的大小对偏移核函数的影响，本小节选择背景电导率分别为 1 S/m、0.1 S/m、0.001 S/m 三种情况进行对比研究，偏移相对距离为 500 m，偏移时刻为 0.1 s，结果如图 2.7 所示。在不同电导率情况下，偏移核函数仍然满足其一般特征。但是，不同的背景电导率对偏移核函数的影响不同。当背景电导率较大时，也就是低阻围岩情况，偏移核函数的近端效应较弱；当背景电导率较小时，也就是高阻围岩情况，偏移核函数的近端效应增强。可以推测，运用积分变换法进行电磁偏移场计算，低阻围岩的偏移效果可能比高阻围岩的偏移效果好。

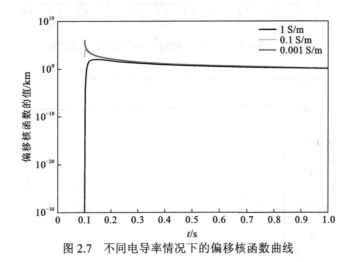

图 2.7　不同电导率情况下的偏移核函数曲线

# 2.6 电磁偏移场计算流程

电磁偏移场计算是电磁偏移成像前的核心部分。根据积分变换法计算电磁偏移场数值的步骤如下。

（1）输入地表观测数据 $P_0(x, t)$。

（2）选取电磁偏移过程中的背景电导率 $\sigma_b$。

（3）根据观测系统确定时间采样间隔 $D_t$ 及测点点距 $D_x$、测线方向上的最小坐标及测线长度。

（4）根据电磁偏移需要，设计电磁偏移场计算网格大小及偏移区域，确定合适的偏移深度范围。

（5）利用简单近似积分公式，计算出不同偏移时刻的电磁偏移场数值。也可采用数值积分中的求积公式，先求出 $x$ 和 $t$ 方向上的每一个节点值，然后采用逐级求积公式计算出不同偏移时刻的电磁偏移场数值，即先对 $x$（或 $t$）方向积分，然后再对 $t$（或 $x$）方向积分。

（6）输出不同偏移时刻的电磁偏移场数值。

电磁偏移场计算流程如图 2.8 所示。

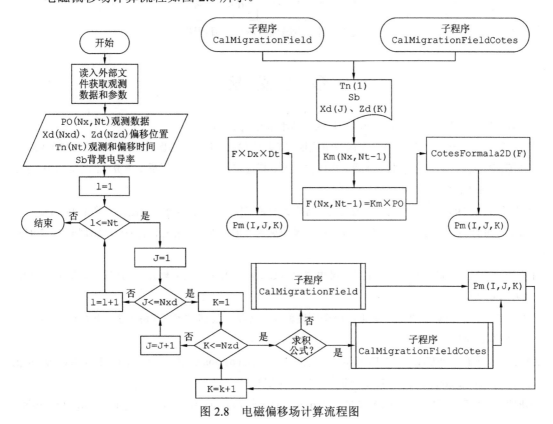

图 2.8 电磁偏移场计算流程图

## 2.7　时域电磁偏移场计算流程

时域电磁偏移场计算流程如图 2.9 所示。首先读入时域电磁观测数据，经过电磁场域变换，利用偏移数值滤波器求出相应的电磁偏移场，计算发射函数，再叠加反射系数，最终得到电磁偏移场的分布。

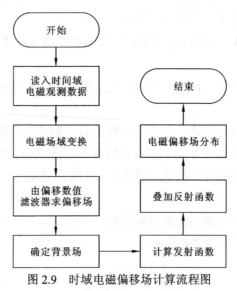

图 2.9　时域电磁偏移场计算流程图

# 参 考 文 献

邓一谦, 1982. 重磁异常的解析延拓. 物化探电子计算技术, 1: 10.

李貅, 薛国强, 宋建平, 等, 2005. 从瞬变电磁场到波场的优化算法. 地球物理学报, 48(5): 1185-1190.

戚志鹏, 李貅, 吴琼, 等, 2012. 从瞬变电磁扩散场到拟地震波场的全时域反变换算法. 地球物理学报, 56(10): 2581-2595.

沈飚, 何继善, 1993. 电磁波拟地震波波动方程理论及正演模拟. 石油地球物理勘探, 28(4): 447-452.

王家映, OLDENBURG D, LEVY S, 1985. 大地电磁测深的拟地震解释法. 石油地球物理勘探, 20(1): 66-79.

王书明, 底青云, 苏晓璐, 等, 2017. 三维电磁偏移数值滤波器实现及参数分析. 地球物理学报, 60(2): 793-800.

于鹏, 王家林, 吴健生, 2005. 大地电磁全频段偏移成像结合反演技术. 同济大学学报(自然科学版), 33(4): 540-544.

AMUNDSEN L, LØSETH L, MITTET R, et al., 2006. Decomposition of electromagnetic fields into upgoing and downgoing components. Geophysics, 71(5): 211-223.

FURUKAWA T, ZHDANOV M S, 2007. Two-dimensional time domain electromagnetic migration using integral transformation. Seg Technical Program Expanded Abstracts(1): 2124.

LI W, 2002. Modeling and inversion of time domain electromagnetic data. Salt Lake City: The University of Utah.

PUAHENGSUP P, ZHDANOV M S, 2008. Digital filters for electromagnetic migration of marine electromagnetic data//International Workshop on Electromagnetic Induction in the Earth, BeiJing, China.

UEDA T, 2007. Fast geoelectrical modeling and imaging based on multigrid quasi-linear approximation and electromagnetic migration. Salt Lake City: The University of Utah.

WAN L, ZHDANOV M S, 2004. New development in 3-D marine MT modeling and inversion for petroleum exploration//Proceedings of 2004 CEMI Annual Meeting, Beijing, China.

ZHDANOV M S, 1980. Cauchy integral analogues for the separation and continuation of electromagnetic fields within conducting matter. Geophysical Surveys, 4(1-2): 115-136.

ZHDANOV M S, 1981. Continuation of non-stationary electromagnetic fields in problems in geoelectricity. Phy. Sol. Earth, 17: 944-950.

ZHDANOV M S, 1988. Integral transforms in geophysics. Berlin: Springer-Verlag.

ZHDANOV M S, 1999. Electromagnetic migration//Deep electromagnetic exploration. Berlin: Springer-Verlag: 281-298.

ZHDANOV M S, BOOKER J R, 1993. Underground imaging by electromagnetic migration. SEG Technical Program Expanded Abstracts: 355-357.

ZHDANOV M S, DMITRIEV V I, GRIBENKO A V, 2007. Integral electric current method in 3D electromagnetic modeling for large conductivity contrast. IEEE Transactions on Geoscience and Remote Sensing, 45(5), 1282-1290.

ZHDANOV M S, KELLER G V, 1994. The geoelectrical methods in geophysical exploration. Amsterdam: Elsevier.

ZHDANOV M S, PORTNIAGUINE O, 1997. Time-domain electromagnetic migration in the solution of inverse problems. Geophysical Journal International, 131(2): 293-309.

ZHDANOV M S, TRAYNIN P, PORTNIAGUINE O, 1994. Migration and analytic continuation in geoelectric imaging//1994 SEG Annual Meeting, Los Angeles. Society of Exploration Geophysicists.

ZHDANOV M S, WANG S, 2009. Foundations of the method of EM field separation into upgoing and downgoing parts and its application to MCSEM data. Handbook of Geophysical Exploration Seismic Exploration, 40(1): 351-379.

# 第 3 章

## 频域电磁偏移

　　本章详细阐述构建频域电磁偏移数值滤波器的主要实现流程，包括电磁偏移场的解析谱、经数值化处理得到的偏移数值滤波器数值谱求解方法，以及谱分析过程。

# 3.1　基　本　理　论

## 3.1.1　偏移变换谱

当频率小于 $10^5$ Hz 时，对大地介质有 $\mu\varepsilon\omega \ll \mu\sigma\omega$，位移电流远小于传导电流，对接收器获取的观测数据作逆时序处理。利用扩散方程向下求解这种场的扩散场，可得电磁偏移场 $\boldsymbol{E}^{\mathrm{m}}$ 满足亥姆霍兹方程（Puahengsup and Zhdanov，2008；Zhdanov et al.，1996；Zhdanov，1988）：

$$\nabla^2 \boldsymbol{E}^{\mathrm{m}} + k_{\mathrm{b}}^2 \boldsymbol{E}^{\mathrm{m}} = 0, \quad z \geqslant z_{\mathrm{b}} \tag{3.1}$$

且边界条件为

$$\boldsymbol{E}^{\mathrm{m}}\big|_{z=z_{\mathrm{b}}} = \boldsymbol{E}^*\big|_{z=z_{\mathrm{b}}} \tag{3.2}$$

以上两式中：$k_{\mathrm{b}}$ 为相应的波数，$k_{\mathrm{b}}^2 = \mathrm{i}\omega\mu\sigma_{\mathrm{b}}$；$z_{\mathrm{b}}$ 为接收器所在的表面深度，一般为地表深度。

根据傅里叶变换：

$$e^{\mathrm{m}}(k_x, k_y, z) = \iint_{-\infty}^{\infty} \boldsymbol{E}^{\mathrm{m}}(x, y, z) \exp[\mathrm{i}(k_x x + k_y y)] \mathrm{d}x\mathrm{d}y \tag{3.3}$$

式中：$e^{\mathrm{m}}$ 为波数域的电磁偏移场；$k_x$、$k_y$ 均为波数。

根据傅里叶逆变换：

$$\boldsymbol{E}^{\mathrm{m}}(x, y, z) = \frac{1}{3\pi^2} \iint_{-\infty}^{\infty} e^{\mathrm{m}}(k_x, k_y, z) \exp[-\mathrm{i}(k_x x + k_y y)] \mathrm{d}k_x\mathrm{d}k_y \tag{3.4}$$

对式（3.1）进行傅里叶变换，有

$$\frac{\partial^2}{\partial z^2} e^{\mathrm{m}} = v_{\mathrm{b}}^2 e^{\mathrm{m}}, \quad z \geqslant z_{\mathrm{b}} \tag{3.5}$$

式中：$v_{\mathrm{b}} = (k_x^2 + k_y^2 - \mathrm{i}\omega\mu\sigma_{\mathrm{b}})^{1/2}$，$\mathrm{Re}(v_{\mathrm{b}}) \geqslant 0$ 为空间频域的波数。式（3.5）的形式解可表示为

$$e^{\mathrm{m}}(k_x, k_y, z_{\mathrm{b}}) = \boldsymbol{a}\exp(v_{\mathrm{b}}z) + \boldsymbol{b}\exp(-v_{\mathrm{b}}z) \tag{3.6}$$

式中：$\boldsymbol{a}$ 与 $\boldsymbol{b}$ 为待定矢量系数。

电磁偏移场应随深度增加呈递减变化，且满足边界条件［式（3.2）］，因此可得

$$e^{\mathrm{m}}(k_x, k_y, z) = \boldsymbol{b}(k_x, k_y, z_{\mathrm{b}})\exp[-v_{\mathrm{b}}(z - z_{\mathrm{b}})] \tag{3.7}$$

将式（3.7）代入式（3.4），得

$$\boldsymbol{E}^{\mathrm{m}}(x, y, z) = \frac{1}{4\pi^2} \iint_{-\infty}^{\infty} \boldsymbol{b}(k_x, k_y, z_{\mathrm{b}})\exp[-v_{\mathrm{b}}(z - z_{\mathrm{b}})]\exp[-\mathrm{i}(k_x x + k_y y)]\mathrm{d}k_x\mathrm{d}k_y \tag{3.8}$$

式（3.8）为空间频域电磁偏移场波数域积分算法。偏移转变换谱特征为

$$e^{\mathrm{m}}(k_x, k_y, z) = S_{\mathrm{m}}(k_x, k_y, k_{\mathrm{b}}, z)\boldsymbol{b}(k_x, k_y, z_{\mathrm{b}}) \tag{3.9}$$

$$S_{\mathrm{m}}(k_x, k_y, k_{\mathrm{b}}, z) = \exp[-v_{\mathrm{b}}(z - z_{\mathrm{b}})] \tag{3.10}$$

式中：$v_{\mathrm{b}}$ 为与频率有关的系数。

式（3.8）是对波数 $k_x$、$k_y$ 积分后关于频率的函数，即 $\boldsymbol{E}^{\mathrm{m}}(x,y,z,t)$ 写为 $\boldsymbol{E}^{\mathrm{m}}(x,y,z,\omega)$，采用成像条件对频率积分后可得成像剖面，是电性几何结构的体现。

## 3.1.2　卷积核函数

由卷积定理（Arfken and Weber，1995），空间域的褶积等于波数域乘积，式（3.8）可表示为

$$\boldsymbol{E}^{\mathrm{m}}(x',y',z') = \iint_{-\infty}^{\infty} K(x'-x, y'-y, z') \boldsymbol{E}^*(x,y,z_{\mathrm{b}})\, \mathrm{d}x \mathrm{d}y \tag{3.11}$$

式中：$K(x',y',z')$ 为偏移滤波器卷积核函数，表示为

$$K(x',y',z') = \frac{1}{4\pi^2} \iint_{-\infty}^{\infty} \exp[-v_{\mathrm{b}}(z'-z_{\mathrm{b}})] \exp[-\mathrm{i}(k_x x' + k_y y')] \mathrm{d}k_x \mathrm{d}k_y \tag{3.12}$$

式（3.12）可由面积分 $J(x',y',z')$ 表示（Zhdanov and Keller，1994）：

$$J(x',y',z') = \frac{1}{2\pi} \iint_{-\infty}^{\infty} \frac{\exp[-v_{\mathrm{b}}(z'-z_{\mathrm{b}})]}{v_{\mathrm{b}}} \exp[-\mathrm{i}(k_x x' + k_y y')] \mathrm{d}k_x \mathrm{d}k_y \tag{3.13}$$

$$K(x',y',z') = -\frac{1}{2\pi} \frac{\partial}{\partial z'} J(x',y',z') \tag{3.14}$$

代入 $k_{\mathrm{b}} = (1+\mathrm{i})\dfrac{2\pi}{\lambda_{\mathrm{b}}}$，有

$$K(x',y',z') = \frac{\Delta z_\lambda}{2\pi r_\lambda^3 \lambda_{\mathrm{b}}^2} \exp[\mathrm{i}(1+\mathrm{i})2\pi r_\lambda](1 - 2\pi \mathrm{i} r_\lambda + 2\pi r_\lambda) \tag{3.15}$$

式中：$\Delta z_\lambda = (z'-z_{\mathrm{b}})/\lambda_{\mathrm{b}}$；$r_\lambda = r/\lambda_{\mathrm{b}}$。式（3.15）经代数变换后，可得

$$K(x',y',z') = \frac{\Delta z_\lambda}{2\pi} \frac{\mathrm{e}^{(\mathrm{i}-1)2\pi r_\lambda}}{r_\lambda^3 \lambda_{\mathrm{b}}^2}(1 - 2\pi \mathrm{i} r_\lambda + 2\pi r_\lambda) \tag{3.16}$$

$$\boldsymbol{E}^{\mathrm{m}}(x',y',z') = \iint_{-\infty}^{\infty} K \boldsymbol{E}^*(x,y,z_{\mathrm{b}})\, \mathrm{d}x\mathrm{d}y \frac{\Delta z_\lambda}{2\pi} \iint_{-\infty}^{\infty} \frac{\mathrm{e}^{(\mathrm{i}-1)2\pi r_\lambda}}{R_\lambda^3} \mathrm{e}^{(\mathrm{i}-1)2\pi r_\lambda} \boldsymbol{E}^*(x,y,z_{\mathrm{b}})\mathrm{d}x_\lambda \mathrm{d}y_\lambda \tag{3.17}$$

假设 $x'=0$，$y'=0$，采样间距为 $n\Delta x_\lambda$，$l\Delta y_\lambda$，则式（3.17）可表示为

$$\begin{aligned}\boldsymbol{E}^{\mathrm{m}}(0,0,z') &= \Delta x_\lambda \Delta y_\lambda \lambda_{\mathrm{b}}^2 \sum_{n=-\infty}^{\infty}\sum_{l=-\infty}^{\infty} K(-n\Delta x_\lambda, -l\Delta y_\lambda, z') \boldsymbol{E}^*(n\Delta x_\lambda, l\Delta y_\lambda, z_{\mathrm{b}}) \\ &= \sum_{n=-\infty}^{\infty}\sum_{l=-\infty}^{\infty} C_{nl} \boldsymbol{E}^*(n\Delta x_\lambda, l\Delta y_\lambda, z_{\mathrm{b}})\end{aligned} \tag{3.18}$$

式中：$C_{nl}$ 为数值滤波器系数，表示为

$$C_{nl} = \Delta x_\lambda \Delta y_\lambda \lambda_{\mathrm{b}}^2 K(-n\Delta x_\lambda, -l\Delta y_\lambda, z') \tag{3.19}$$

将式（3.16）代入式（3.19），可得

$$C_{nl} = \Delta x_\lambda \Delta y_\lambda \frac{(\Delta z_\lambda)}{2\pi} \frac{\mathrm{e}^{(\mathrm{i}-1)2\pi r_{nl}}}{r_{nl}^3}[1 - 2\pi \mathrm{i} r_{nl} + 2\pi r_{nl}] \tag{3.20}$$

式中：$r_{nl}$ 为偏移半径，表示为

$$r_{nl} = \sqrt{(n\Delta x_\lambda)^2 + (l\Delta y_\lambda)^2 + (\Delta z_\lambda)^2} \tag{3.21}$$

实际应用中将无穷个样本数目变为有限个：$(2N+1)$ 和 $(2L+1)$，分别位于 $x$ 和 $y$ 方向上，有

$$E^m(0,0,z') = \sum_{n=-N}^{N}\sum_{l=-L}^{L} C_{nl} E^*(n\Delta x_\lambda, l\Delta y_\lambda, z_b) \tag{3.22}$$

在任意点，式（3.18）可改写为

$$E^m(x'_\lambda, y'_\lambda, z'_\lambda) = \sum_{n=-\infty}^{\infty}\sum_{l=-\infty}^{\infty} C_{nl} E^*(x'_\lambda - n\Delta x_\lambda, y'_\lambda - l\Delta y_\lambda, z_{\lambda b}) \tag{3.23}$$

通过处理滤波系数减小截断误差，有

$$\tilde{C}_{nl} = a C_{nl} \tag{3.24}$$

式中：$a = C_0^{-1}\exp[2\pi(i-1)\Delta z_\lambda]$。因此有限个数据采样点的电磁偏移场实际上就是在 $x$ 和 $y$ 方向有限个采样数据 $(2N+1)$ 和 $(2L+1)$ 的线性组合。

数值滤波器窗口在 $x$ 和 $y$ 方向的尺度分别为

$$W_x = 2N\Delta x \tag{3.25}$$
$$W_y = 2L\Delta y \tag{3.26}$$

数值滤波器窗口示意图如图 3.1 所示。

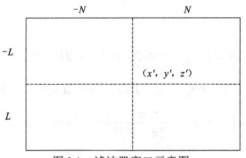

图 3.1　滤波器窗口示意图

实测数据面与电磁偏移场面如图 3.2 所示。图中上层数据点为观测面上的电磁数据采集点，下层为某一偏移深度处由上面的实际电磁数据经偏移滤波器计算得到的电磁偏移场数据点。

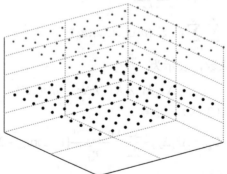

图 3.2　实测数据面与电磁偏移场面示意图

# 3.2 谱 分 析

对式（3.23）作傅里叶变换，有

$$e^{m}(k'_{\lambda x},k'_{\lambda y},z'_{\lambda}) = \iint_{-\infty}^{\infty}\boldsymbol{E}^{m}(x'_{\lambda},y'_{\lambda},z'_{\lambda})\exp[i(k_{\lambda x}x'_{\lambda}+k_{\lambda y}y'_{\lambda})]dx'_{\lambda}dy'_{\lambda}$$

$$= \sum_{n=-\infty}^{\infty}\sum_{l=-\infty}^{\infty}C_{nl}\boldsymbol{E}^{*}(x'_{\lambda}-n\Delta x_{\lambda},y'_{\lambda}-n\Delta y_{\lambda},z_{\lambda b})\exp[i(k_{\lambda x}x'_{\lambda}+k_{\lambda y}y'_{\lambda})] \quad (3.27)$$

式中：$k_{\lambda x}=\lambda k_{x}$，$k_{\lambda y}=\lambda k_{y}$。

式（3.24）经一系列变换后可得

$$e^{m}(k'_{\lambda x},k'_{\lambda y},z'_{\lambda}) = \sum_{n=-\infty}^{\infty}\sum_{l=-\infty}^{\infty}C_{nl}\exp\{i[k_{\lambda x}(x'_{\lambda}-n\Delta x_{\lambda})+k_{\lambda y}(y'_{\lambda}-l\Delta y_{\lambda})]\}\boldsymbol{b}(k_{\lambda x},k_{\lambda y},z_{\lambda b}) \quad (3.28)$$

式（3.23）为空间频域电磁偏移算法公式，当该低通滤波器的频谱特征 $S'_{m}(k_{\lambda x},k_{\lambda y},k_{\lambda b},z_{\lambda})$ 满足：

$$e^{m}(k'_{\lambda x},k'_{\lambda y},z'_{\lambda}) = S'_{m}(k_{\lambda x},k_{\lambda y},k_{\lambda b},z_{\lambda})\boldsymbol{b}(k_{\lambda x},k_{\lambda y},z_{\lambda b}) \quad (3.29)$$

即

$$S'_{m}(k_{\lambda x},k_{\lambda y},k_{\lambda b},z_{\lambda}) = \sum_{n=-\infty}^{\infty}\sum_{l=-\infty}^{\infty}C_{nl}\exp\{i[k_{\lambda x}(x'_{\lambda}-n\Delta x_{\lambda})+k_{\lambda y}(y'_{\lambda}-l\Delta y_{\lambda})]\} \quad (3.30)$$

式（3.30）中偏移转换的频谱特征经代数变换后可表示为

$$S_{m}(k_{\lambda x},k_{\lambda y},k_{\lambda b},z_{\lambda}) = \exp[-(k_{\lambda x}^{2}+k_{\lambda y}^{2}-8\pi^{2}i)^{\frac{1}{2}}(z_{\lambda}-z_{\lambda b})] \quad (3.31)$$

为验证该数值化过程是否合理、数值滤波器频谱特征是否能够满足偏移要求，需在应用偏移滤波器之前，对数值滤波器进行参数分析，其目的为：①比较数值滤波器和解析滤波器频谱；②论证偏移变换中滤波器参数的作用；③数值滤波器参数选择；④比较偏移变换中数值滤波器和解析滤波器谱特征。

## 3.2.1 解析谱与数值谱比较

为验证数值化过程的合理性，将解析谱与数值谱的结果进行中心剖面处（包括实部与虚部）比较，结果见图 3.3～图 3.7，图中实线表示解析滤波器的频谱，虚线表示数值滤波器的频谱，上下图分别为实部和虚部的值，横坐标表示 $k_{x}$ 的坐标。图 3.3～图 3.5 表明，滤波器横向采样间隔需满足：$\Delta x, \Delta y \leqslant \Delta z$。图 3.6 中的偏差由具有较大波长的低频信号引起。图 3.6 与图 3.7 的对比试验表明，增加滤波器窗口大小，可以有效消除较大波长低频信号引起的偏差。

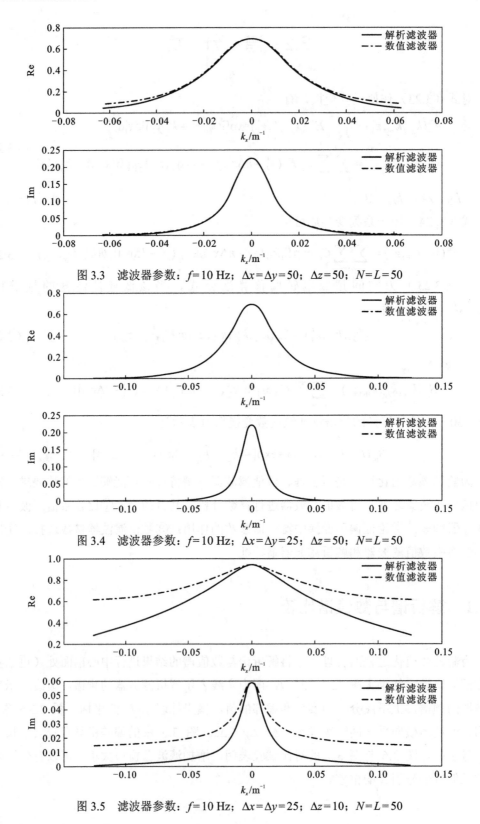

图 3.3　滤波器参数：$f=10$ Hz；$\Delta x=\Delta y=50$；$\Delta z=50$；$N=L=50$

图 3.4　滤波器参数：$f=10$ Hz；$\Delta x=\Delta y=25$；$\Delta z=50$；$N=L=50$

图 3.5　滤波器参数：$f=10$ Hz；$\Delta x=\Delta y=25$；$\Delta z=10$；$N=L=50$

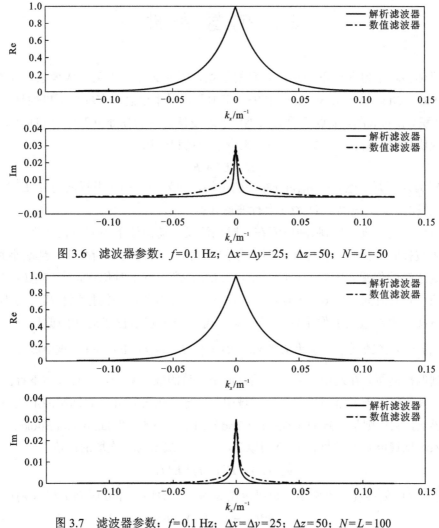

图 3.6　滤波器参数：$f=0.1$ Hz；$\Delta x=\Delta y=25$；$\Delta z=50$；$N=L=50$

图 3.7　滤波器参数：$f=0.1$ Hz；$\Delta x=\Delta y=25$；$\Delta z=50$；$N=L=100$

## 3.2.2　滤波参数选择

3.2.1 小节通过对解析谱与数值谱的比较可间接研究各个滤波参数对滤波器偏移效果的影响。滤波参数包括水平采样间隔 $\Delta x$ 和 $\Delta y$、窗口大小 $N$ 和 $L$、偏移频率 $f$ 和偏移距 $\Delta z$。

谱分析证明了数值化过程的合理性，也间接表明滤波参数对偏移效果的影响较大。同时发现：①适当减小采样间隔 $\Delta x$ 和 $\Delta y$ 能大大改善偏移效果；②适当增大偏移距 $\Delta z$ 同样也能改善偏移效果，但当偏移距过大时反而会影响偏移结果的准确度；③在减小 $\Delta x$ 和 $\Delta y$ 的基础上再适当增大测点个数 $N$ 和 $L$，将改善偏移效果，但相应地计算耗时变长；④当偏移频率较小时，适当增大窗口大小可以改善偏移效果。

在实际电磁偏移处理中，可根据情况不断尝试得到最佳的滤波参数。

# 3.3　成　像　条　件

电磁偏移场中包含地下介质电导率的信息，因此必须利用某种成像条件（Zhdanov et al.，1995；Zhdanov and Booker，1993）来增强电导率信息，实现地下电性异常体的电导率（体积）分布成图。地点断面成像类似于地震偏移中的爆炸反射概念（Ueda，2007）。

为说明成像的概念，用式（3.32）来表示电场和磁场：

$$E = E^{P} + E^{S} \tag{3.32}$$

式中：$E^{P}$ 为地下背景电导率 $\sigma_n(r)$ 分布下的电场，称为一次场（下行波场）；$E^{S}$ 为由异常电性体激发的电场，称为二次场（上行波场）。

为方便讨论，设 $E^{S}$ 由脉冲电流在零时刻激发。场向地下不同方向传播，一段时间后在地表被接收器接收。在电磁逆时偏移的过程中，时间值不断减小，当减小到 0 时，外推场到达源的位置。因此，在时域中，二次场 $E^{S}$ 向下逆时偏移，会使电磁偏移场在源处聚焦，此时时间值为 0。在频域中，地下电导层内各点处的振幅和相位均不等。实际上，直接给出频域的成像条件也很方便，式（3.8）已给出了时频的偏移值，成像条件 $E^{sm}(r, t=0)$ 在频域中表示为 $E^{sm}(r, t=0) = \int_{-\omega}^{\omega} E^{sm}(r, \omega)\, d\omega$。有了这个成像条件，就可以得到偏移剖面。在地电边界上，相位值是一致的或增减 $\pi$，上行波与下行波的振幅呈比例，其比值等于反射系数 $\beta$。在时域中，电导层内各点处的时间脉冲形状不同；在地电边界上，它们则是一致的（Zhdanov and Keller，1994；Zhdanov and Booker，1993）。

引入时域视电阻率函数 $\beta_{ta}(r, t)$ 的概念，它是二次场与一次场的比值：

$$\beta_{ta}(r,t) = E_y^{S}(r,t) / E_y^{P}(r,t) \tag{3.33}$$

0 时刻时的偏移视电阻率函数也可定义为偏移二次场，在 0 时刻下与 $D(r)$ 的比值为

$$\beta_a^{m}(r) = E_y^{ms}(r,0) / D(r) \tag{3.34}$$

式中：$D(r)$ 为偏移一次场在相同深度处与解析函数 $\varphi(z,t)$ 的卷积，表示为

$$D(r) = D(x,z) = \int_0^{+\infty} H_z^{mp}(x,z,t)\varphi(z,t)dt \tag{3.35}$$

$$\varphi(z,t) = a \frac{z}{\tau^3} \exp\left[ -2\pi^2 \left( \frac{2}{\tau} \right)^2 \right] \tag{3.36}$$

$$a = \frac{2^{\tau/2}\pi^{5/2}}{\mu\sigma_n}; \quad \tau = 2\pi\sqrt{2t/\mu\sigma_n} \tag{3.37}$$

偏移二次场在地电边界上某点有局部极小值，该极小值与该点处的下行波场值及边界上的反射函数值呈比例。反射函数与地电边界处的电导差值 $\Delta\sigma$ 的关系可表示为

$$\rho = \left( \frac{1+\beta}{1-\beta} \right)^2 \rho_n \tag{3.38}$$

式中：$\rho_n$ 为背景电阻率。

偏移视电阻率函数 $\rho_{\mathrm{m}}$ 便可由式（3.39）计算得到：

$$\rho_{\mathrm{m}}(\boldsymbol{r}) = \left(\frac{1+\beta_a^{\mathrm{m}}(\boldsymbol{r})}{1-\beta_a^{\mathrm{m}}(\boldsymbol{r})}\right)^2 \rho_n(\boldsymbol{r}) \tag{3.39}$$

# 3.4 实 现 流 程

频域电磁偏移场计算流程如图 3.8 所示。先读入频域电磁观测数据，利用偏移数值滤波器求出相应的电磁偏移场，计算反射函数，再叠加反射函数，得到电磁偏移场的分布，最后成图。

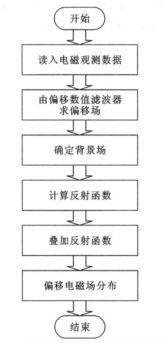

图 3.8　频域电磁偏移场计算流程图

# 参 考 文 献

王书明, 底青云, 苏晓璐, 等, 2017. 三维电磁偏移数值滤波器实现及参数分析. 地球物理学报, 60(2): 793-800.

ARFKEN G, WEBER H J, 1995. Mathematical methods for physicists. 4th ed. Pittsburgh: Academic Press: 1028.

PUAHENGSUP P, ZHDANOV M S. 2008. Digital filters for electromagnetic migration of marine electromagnetic data//International Workshop on Electromagnetic Induction in the Earth, Beijing,

China.

UEDA T, 2007. Fast geoelectrical modeling and imaging based on multigrid quasi-linear approximation and electromagnetic migration. Salt Lake City: The University of Utah.

ZHDANOV M S, 1988. Integral transforms in geophysics. Berlin: Springer-Verlag: 367.

ZHDANOV M S, Booker J R, 1993. Underground imaging by electromagnetic migration. Seg Technical Program Expanded Abstracts, 60(2-4): 1296.

ZHDANOV M S, TRAYNIN P N, PORTNIAGUINE O, 1995. Resistivity imaging by time domain electromagnetic migration. Exploration Geophysics, 26(3): 186-194.

ZHDANOV M S, KELLER G, 1994. The geoelectrical methods in geophysical exploration. Amsterdam: Elsevier: 873.

ZHDANOV M S, TRAYNIN P, BOOKER J R, 1996. Underground imaging by frequency-domain electromagnetic migration. Geophysics, 61(3): 666-682.

# 第 4 章

## 电磁场域变换

　　电磁场量是自然界众多信号中的一种，电场是电信号，磁场是磁信号。电磁勘探中对电磁场的变换处理，实质就是对数字信号的变换与处理。本章介绍数字信号处理的基本概念，以及经典数字信号处理方法。重点论述时域电磁场与频域电磁场的关系，以及利用傅里叶变换实现电磁场域变换。

# 4.1 数字信号处理原理及应用领域

## 4.1.1 原理

信号是客观事物运动或状态变换的反映或描述，是信息的载体或物理表现形式。例如，心电信号是心脏器官各种功能信息的反映。按一定算法对信号进行处理，就可以从中提取所需要的信息。

在时间上和幅度上都是离散的信号称为数字信号。数字信号的本质只是一系列的"数"，或称为"数字序列"。数字信号处理就是将一个数字信号变换成另一个数字信号的过程，其工具是各种数值计算方法，其结果是将原始数字序列变换成另一种需要的形式。

## 4.1.2 应用领域

数字信号处理是改变21世纪科学和工程面貌的强大技术之一。可以说，几乎所有工程技术领域都涉及数字信号处理问题。部分数字信号处理的应用领域如下。

（1）图像处理。图像是一种特殊的数字信号，图像处理是数字信号处理应用最活跃的领域之一。图像处理多种多样，如图像增强、图像识别、图像压缩、图像复原等。

（2）声呐。声呐是声音导航和定位的简称，是利用水中声波对水中目标体进行探测、定位和通信的电子设备。声呐信号处理主要是对微弱目标体回波信号进行监测与分析，从而实现对微弱目标体的追踪、定位、导航、成像等目的。滤波、门限比较、谱分析等是声呐数字信号处理的重要方法。

（3）地球物理学。地球物理学是以物理学、数学和信息科学为依托的一门学科，其中需要利用先进的电子和信息技术探测及研究各种地球物理场。地震发射规律、地震监测、各种地球物理场信号的分析等工作都离不开数字信号处理。

# 4.2 傅里叶级数与变换

信号的分析方法有两种：①将信号描述成时间的函数；②将信号描述成频率的函数。

时域和频域是信号的基本性质，是分析电磁信号的两种角度。时域分析是以时间轴为坐标表示信号的关系；频域分析是把信号转变成以频率轴为坐标表示信号的关系。例如，时域中一条正弦波曲线的简谐信号，在频域中对应一条谱线。一般地，时域的表示较为形象与直观，频域的表示则更为简练、深刻。它们两者之间相互联系、缺一不可、相辅相成。

傅里叶变换是非常重要的数学分析工具，同时也是一种非常重要的数字信号处理方法。它是以正弦函数（正弦函数和余弦函数可统称为正弦函数）或虚指数函数 $e^{i\omega t}$ 为基本信号，将任意连续时间信号表示为一系列不同频率的正弦函数或虚指数函数之和（对于周期信号）或积分（对于非周期信号）（徐长发和李国宽，2009）。

## 4.2.1 傅里叶级数

周期信号是定义在 $(-\infty, +\infty)$，以一个周期时间 $T$，按相同规律重复变换的信号，可表示为

$$f(t) = f(t + mT) \tag{4.1}$$

式中：$m$ 为任意整数。当周期信号满足狄利克雷（Dirichlet）条件时，才能展开为傅里叶变换。

任何周期函数都可以用正弦函数和余弦函数构成的无穷级数来表示，称傅里叶级数为一种特殊的三角级数。根据欧拉公式，三角函数又能化成指数形式，因此，傅里叶级数也称为一种指数级数。将周期信号 $f(t)$ 表示为无穷级数：

$$f(t) = \sum_{k=-\infty}^{+\infty} a_k \cdot e^{jk\left(\frac{2\pi}{T}\right)t} \tag{4.2}$$

式中：$a_k$ 为傅里叶系数，$a_k = \dfrac{1}{T} \displaystyle\int_T x(t) \cdot e^{-jk\left(\frac{2\pi}{T}\right)t} \mathrm{d}t$。

## 4.2.2 傅里叶变换

如果周期性脉冲的重复周期足够长，使得后一个脉冲到来之前，前一个脉冲的作用早已消失，这样的信号即可作为非周期信号处理。当 $T \to \infty$ 时，有

$$F(j\omega) = \int_{-\infty}^{\infty} f(t) e^{-j\omega t} \mathrm{d}t \tag{4.3}$$

式（4.3）为函数 $f(t)$ 的傅里叶变换（积分），$F(j\omega)$ 为 $f(t)$ 的频谱密度函数或频谱函数。傅里叶逆变换表示为（林益 等，2008）：

$$f(t) = \frac{1}{2\pi} \int_{-\infty}^{\infty} F(j\omega) e^{j\omega t} \mathrm{d}\omega \tag{4.4}$$

通过电磁场域变换，就可以利用频域数值模拟实现时域数值模拟，也可以利用频域解释方法解释时域资料 （时域电磁偏移方法之一），同时检验电磁场域变换的精度和可靠性。

电磁场域变换示意图如图 4.1 所示。

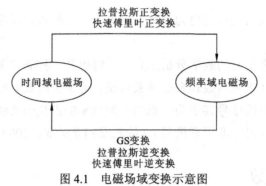

图 4.1　电磁场域变换示意图

GS 全称为 Gerchberg-Saxton，盖师贝格-撒克斯通

# 4.3　拉普拉斯变换

傅里叶变换可以把时域的微分方程变换为频域的代数方程，便于求解。但是函数进行傅里叶变换的充分条件是其绝对可积，显然很多函数不满足这一条件，因此用拉普拉斯变换代替傅里叶变换可以扩大应用范围。

工程数学中经常用到拉普拉斯变换。拉普拉斯变换是一种线性变换，可将一个有引数实数 $t(t \geqslant 0)$ 的函数变换为一个引数为复数 $s$ 的函数，是为简化计算而建立的实变量函数与复变量函数间的一种函数变换。对一个实变量函数进行拉普拉斯变换，并在复数域中进行各种运算，再将运算结果进行拉普拉斯逆变换来求得实数域中的相应结果，往往比直接在实数域中计算求出同样的结果容易得多。

拉普拉斯变换分为拉普拉斯正变换和拉普拉斯逆变换。

拉普拉斯正变换表示为

$$F(s) = L[f(t)] = \int_0^\infty f(t)e^{-st}dt \tag{4.5}$$

式中：$s$ 为复变数，$s = \sigma + j\omega$（$\sigma$ 与 $\omega$ 均为实数）；$\int_0^\infty e^{-st}$ 为拉普拉斯积分；$F(s)$ 为 $f(t)$ 的拉普拉斯变换。

拉普拉斯逆变换表示为

$$f(t) = L^{-1}[F(s)] = \frac{1}{2\pi j}\int_{c-j\omega}^{c+j\omega} F(s)e^{st}ds \tag{4.6}$$

# 4.4　Z　变　换

拉普拉斯变换是连续时间傅里叶变换的扩展。有些信号的傅里叶变换不收敛，而拉普拉斯变换却能适用，对于不稳定系统，可以利用拉普拉斯变换来分析。

与连续时间信号相对应，有些离散时间信号的序列傅里叶变换不收敛，作为序列傅里叶变换的扩展，Z 变换可对这类序列进行分析。

从拉普拉斯变换出发可推导出 Z 变换。拉普拉斯变换定义的时域和 s 域信号之间的关系为（邱天爽和郭莹，2015；刘明亮和郭云，2011；姚天任和孙洪，1999）：

$$F(s) = L[f(t)] = \int_{-\infty}^{\infty} f(t)e^{-st}dt \tag{4.7}$$

式中：$f(t)$ 和 $F(s)$ 分别为信号在时域和 s 域中的表示。用等价变量 $\sigma + j\omega$ 代替复数变量 $s$，则拉普拉斯变换可表示为

$$F(\sigma, \omega) = \int_{-\infty}^{\infty} f(t)e^{-\sigma t}e^{-j\omega t}dt \tag{4.8}$$

从拉普拉斯变换变换为 Z 变换，首先需要将连续信号转变成离散信号，将时间变量 $t$ 转变成离散样点序号 $n$，由此可将积分化为求和，有

$$F(\sigma, \omega) = \sum_{n=-\infty}^{\infty} f[n]e^{-\sigma n}e^{-j\omega n} \tag{4.9}$$

式中：$f[n]$ 为离散的时域信号。将式（4.9）中的指数项进行数学代换：

$$e^{-\sigma n} = r^{-n} \tag{4.10}$$

式中：$\sigma = \ln(r)$。引入新的复数变量 $s$，$s = \sigma + j\omega$，在 Z 变换中定义一个新的变量 $z$，$z = re^{j\omega}$，相当于用两个实数变量 $r$ 和 $\omega$ 组合的极坐标形式来定义复数变量 $z$。将 $z$ 代替 $r$ 和 $\omega$，有

$$F(z) = \sum_{n=-\infty}^{\infty} f[n]z^{-n} \tag{4.11}$$

式（4.11）定义了时域信号 $f[n]$ 和 $z$ 域信号 $F[z]$ 之间的关系，称为 Z 变换。

# 4.5  电磁场信号的时频转换

电磁场信号的时频转换可以利用傅里叶变换等方法来实现，本节讨论一种简单的单阶跃波激励源的情况，此时一次磁场可表示为

$$H_1(t) = F_1(t)\begin{cases} H_0, & t < 0 \\ 0, & t > 0 \end{cases} \tag{4.12}$$

式中：$H_1(t)$ 为一次磁场；$F_1(t)$ 为一次电场。将式（4.12）进行傅里叶变换，得到频域的一次磁场：

$$H_1(\omega) = F_1^*(\omega) = \int_{-\infty}^{\infty} H_1(t)e^{j\omega t}dt = H_0(t)\int_0^{\infty} e^{j\omega t}dt = \frac{H_0}{j\omega} \tag{4.13}$$

式（4.13）的傅里叶逆变换可表示为

$$H_1(t) = \frac{H_0}{2\pi} \int_{-\infty}^{\infty} \frac{1}{j\omega} e^{-j\omega t}d\omega \tag{4.14}$$

式（4.14）中积分路径不经过 $\omega=0$ 的点。断面上的时域响应值是该断面上的频域响应与频域一次磁场 $H_1(\omega)$ 频谱的乘积，由此可以得到瞬变场 $H(t)$：

$$H(t)=\frac{1}{2\pi}\int_{-\infty}^{\infty}\frac{H(\omega)}{\mathrm{j}\omega}\mathrm{e}^{-\mathrm{j}\omega t}\mathrm{d}\omega \qquad (4.15)$$

式中：$H(\omega)=\mathrm{Re}\,H(\omega)+\mathrm{j}\mathrm{Im}\,H(\omega)$，式（4.15）可表示为

$$H(t)=\frac{1}{2\pi}\int_{-\infty}^{\infty}\frac{\mathrm{Im}\,H(\omega)\cos\omega t-\mathrm{Re}\,H(\omega)\sin\omega t}{\omega}\mathrm{d}\omega-\frac{\mathrm{j}}{2\pi}\int_{-\infty}^{\infty}\frac{\mathrm{Im}\,H(\omega)\sin\omega t+\mathrm{Re}\,H(\omega)\cos\omega t}{\omega}\mathrm{d}\omega$$

$$\qquad (4.16)$$

利用频域电磁场的实偶、虚奇的函数特性可知，式（4.16）中第二项积分值为 0，则当 $\omega>0$ 时，有

$$H(t)=\frac{1}{\pi}\int_{0}^{\infty}\frac{\mathrm{Im}\,H(\omega)\cos\omega t-\mathrm{Re}\,H(\omega)\sin\omega t}{\omega}\mathrm{d}\omega \qquad (4.17)$$

又当 $t<0$ 时，$H(t)=H_0$，有

$$H(t)=\frac{1}{\pi}\int_{0}^{\infty}\frac{\mathrm{Im}\,H(\omega)\cos\omega t+\mathrm{Re}\,H(\omega)\sin\omega t}{\omega}\mathrm{d}\omega \qquad (4.18)$$

联立式（4.17）和式（4.18），得

$$H(t)=-H_0+\frac{2}{\pi}\int_{0}^{\infty}\frac{\mathrm{Im}\,H(\omega)\cos\omega t}{\omega}\mathrm{d}\omega \qquad (4.19)$$

$$H(t)=H_0-\frac{2}{\pi}\int_{0}^{\infty}\frac{\mathrm{Re}\,H(\omega)\sin\omega t}{\omega}\mathrm{d}\omega \qquad (4.20)$$

当 $t>0$ 时，有

$$H(t)=\frac{2}{\pi}\int_{0}^{\infty}\frac{\mathrm{Im}\,H(\omega)\cos\omega t}{\omega}\mathrm{d}\omega \qquad (4.21)$$

电磁场表达式为

$$E(t)=\frac{2}{\pi}\int_{0}^{\infty}\frac{\mathrm{Im}\,E(\omega)\cos\omega t}{\omega}\mathrm{d}\omega \qquad (4.22)$$

## 4.6　傅里叶变换处理数据与电磁模拟数据对比

实现高精度的电磁场域变换后，可通过三维电磁数值来模拟信号域变换效果，证实电磁场域变换的可靠性。在三维电磁数值模拟中，布设 21 条线，每条线 201 个点，共 4 221 个点。在测试中随机抽取 1 号线 11 号点、2 号线 22 号点、3 号线 33 号点（图 4.2～图 4.4）。对处理后得到的时域数据进行傅里叶变换，并与电磁模拟数据进行对比。

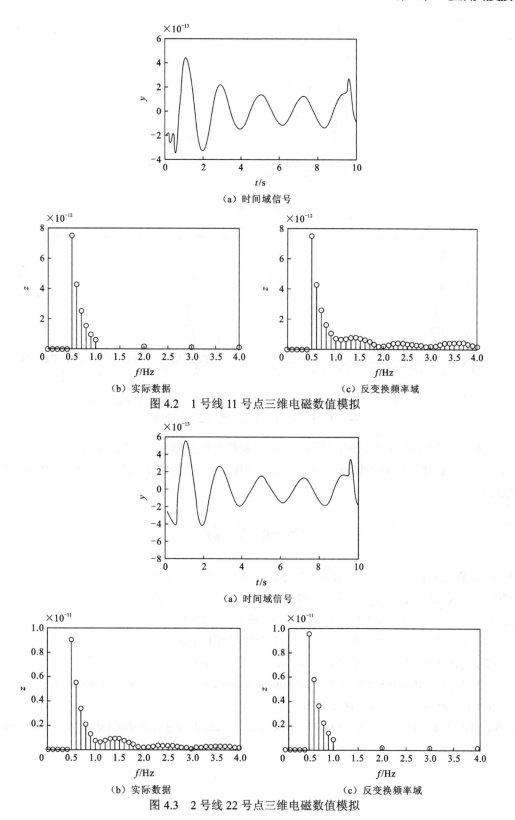

（a）时间域信号

（b）实际数据　　　　　　　　　　（c）反变换频率域

图 4.2　1 号线 11 号点三维电磁数值模拟

（a）时间域信号

（b）实际数据　　　　　　　　　　（c）反变换频率域

图 4.3　2 号线 22 号点三维电磁数值模拟

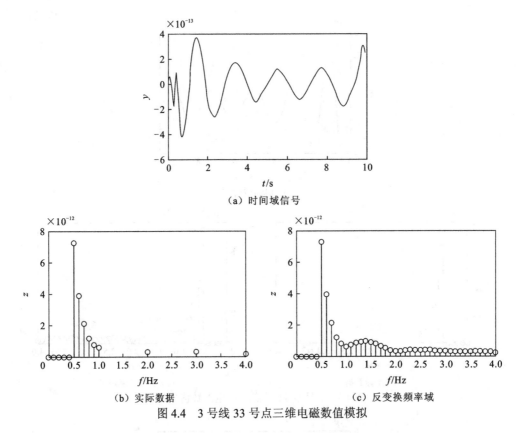

(a) 时间域信号

(b) 实际数据　　　　　　　　　　　(c) 反变换频率域

图 4.4　3 号线 33 号点三维电磁数值模拟

　　图 4.2～图 4.4 的对比结果显示，经过傅里叶变换处理后的时域数据结果显示出较好的吻合性，证实了电磁场域变换的可靠性，因此可以通过磁场域变换实现在频域处理时域电磁偏移。

# 参 考 文 献

林益, 刘国钧, 叶提芳, 2008. 复变函数与积分变换. 武汉: 华中科技大学出版社.

刘明亮, 郭云, 2011. 数字信号处理基础教程. 北京: 北京航空航天大学出版社.

邱天爽, 郭莹, 2015. 信号处理与数据分析. 北京: 清华大学出版社.

徐长发, 李国宽, 2009. 实用小波方法. 武汉: 华中科技大学出版社.

姚天任, 孙洪, 1999. 现代数字信号处理. 武汉: 华中理工大学出版社.

ZHDANOV M S, BOOKER J R, 1993. Underground imaging by electromagnetic migration. Seg Technical Program Expanded Abstracts, 60(2): 1296.

ZHDANOV M S, KELLER G V, 1994. The geoelectrical methods in geophysical exploration. Amsterdam: Elsevier.

# 第5章

# 电磁反演与迭代偏移

　　反演与偏移之间存在一些共性和一定的关系，通过反演和偏移都可以获得地下介质的几何结构，判断地下异常体的分布范围，但是通过反演可以获得更为准确的物性资料数据。同时，偏移可以视作反演的第一次迭代。本章简述反演与偏移的关系及迭代偏移的过程。

## 5.1 反演与偏移关系

传统意义上的反演是通过分析观测数据，建立一个或多个与观测数据十分接近的理论模拟数据所代表的地电模型。这个地电模型包括几何结构及几何结构中的物性参数，将反演得到的几何结构和物性参数看作地下真实的地电结构。电磁偏移则是通过偏移成像方法将观测数据转换成地下电磁偏移场空间分布，这种分布包含地下几何结构和相对物性参数信息。电磁偏移成像是一次变换，属于一种快速成像方法。反演则是同时将几何结构和物性参数当作未知数。由于反演方程比较复杂，将严重影响反演稳定性和解释效率。如果通过电磁偏移成像和反演解释联合构建反演的初始模型，参考电磁偏移成像结果，可克服几何结构和物性参数同时反演面临的计算效率低下和稳定性障碍（Zhdanov，2009；Zhdanov and Traynin，1997；Tarantola，1987）。

## 5.2 电 磁 反 演

假设一个二维地电模型，其背景电导率为 $\sigma_b$，存在一个局部异常体 $D$，其电导率为 $\sigma=\sigma_b+\Delta\sigma$。$\{d_x, d_y, d_z\}$ 为笛卡儿坐标系与地球表面原点的正交基。

电场 $E_y$ 满足：

$$\nabla^2 E_y + i\omega\mu_0\sigma E_y = 0, \quad z \geq 0 \tag{5.1}$$

磁场分量表示为

$$H_x = -\frac{1}{i\omega\mu_0}\frac{\partial E_y}{\partial z}, \quad H_z = \frac{1}{i\omega\mu_0}\frac{\partial E_y}{\partial x} \tag{5.2}$$

引入坡印亭矢量 $P$：

$$P = \frac{1}{2}E \times H^* = \frac{1}{2}E_y H_z^* d_x - \frac{1}{2}E_y H_x^* d_z \tag{5.3}$$

式中

$$E = E_y d_y; \quad H^* = H_x^* d_x + H_z^* d_z \tag{5.4}$$

式中：*为复共轭值。$P$ 的实部描述了电磁场能流强度，其实部的散度描述了单位体积内能流的耗散：

$$\nabla \mathrm{Re}\,P = \frac{1}{2}\sigma EE^* \tag{5.5}$$

曲线 $L$ 所包围的 $S$ 范围内，耗散的总能量 $Q$ 可表示为

$$Q = -\mathrm{Re}\oint P \cdot n\mathrm{d}l = \frac{1}{2}\oiint \sigma EE^* \mathrm{d}s \geq 0 \tag{5.6}$$

当区域与下半平面重合（$z \geq 0$）时，曲线 $L$ 由水平轴 $z=0$ 下半平面上的无限大半

圆组成，下半平面内耗散的总能量 $Q$ 可表示为

$$Q = \mathrm{Re} \int_{-\infty}^{+\infty} \boldsymbol{P} \cdot d_z \mathrm{d}l = -\frac{1}{4} \int_{-\infty}^{+\infty} (E_y H_x^* + E_y^* H_x) \mathrm{d}x' \tag{5.7}$$

在 $z = 0$ 上某一点 $x'$ 处，观测电磁场分量分别为 $\boldsymbol{E}_y^{\mathrm{obs}}(x',0,\omega)$ 和 $\boldsymbol{H}_x^{\mathrm{obs}}(x',0,\omega)$，背景场理论值（给定背景电导率）分别为 $\boldsymbol{E}_y^{\mathrm{b}}(x',0,\omega)$ 和 $\boldsymbol{H}_y^{\mathrm{b}}(x',0,\omega)$。引入剩余场概念：

$$\boldsymbol{E}_y^{\Delta}(x',0,\omega) = \boldsymbol{E}_y^{\mathrm{obs}}(x',0,\omega) - \boldsymbol{E}_y^{\mathrm{b}}(x',0,\omega) \tag{5.8}$$

$$\boldsymbol{H}_x^{\Delta}(x',0,\omega) = \boldsymbol{H}_x^{\mathrm{obs}}(x',0,\omega) - \boldsymbol{H}_x^{\mathrm{b}}(x',0,\omega) \tag{5.9}$$

剩余场是坐标的函数，满足：

$$\begin{cases} \nabla^2 \boldsymbol{E}_y^{\Delta} + \mathrm{i}\omega\mu_0\sigma_{\mathrm{b}} \boldsymbol{E}_y^{\Delta} = 0, & z \leqslant 0 \\ \nabla^2 \boldsymbol{E}_y^{\Delta} + \mathrm{i}\omega\mu_0\sigma_{\mathrm{b}} \boldsymbol{E}_y^{\Delta} = -\mathrm{i}\omega\mu_0\Delta\sigma \boldsymbol{E}_y^{\mathrm{obs}}, & z \geqslant 0 \\ \boldsymbol{H}_x^{\Delta} = -\dfrac{1}{\mathrm{i}\omega\mu_0}\dfrac{\partial \boldsymbol{E}_y^{\Delta}}{\partial z}, \quad \boldsymbol{H}_z^{\Delta} = \dfrac{1}{\mathrm{i}\omega\mu_0}\dfrac{\partial \boldsymbol{E}_y^{\Delta}}{\partial x} \end{cases} \tag{5.10}$$

在 $z = 0$ 平面上，剩余场能流 $Q^{\Delta}$ 可由式（5.11）计算：

$$Q^{\Delta} = -\mathrm{Re} \int_{-\infty}^{+\infty} \boldsymbol{P}^{\Delta} \cdot d_z \mathrm{d}l = \frac{1}{4} \int_{-\infty}^{+\infty} (E_y^{\Delta} H_x^{\Delta*} + E_y^{\Delta*} H_x^{\Delta}) \mathrm{d}x' \tag{5.11}$$

观测场与理论场（背景场）之间的失配泛函可描述为剩余场能流在频率上的积分：

$$\Phi(\sigma_{\mathrm{b}}) = \int Q^{\Delta} \mathrm{d}\omega = \frac{1}{4} \iint_{-\infty}^{+\infty} (E_y^{\Delta} H_x^{\Delta*} + E_y^{\Delta*} H_x^{\Delta}) \, \mathrm{d}x' \mathrm{d}\omega \tag{5.12}$$

因此，二维电磁反演问题转化为求使失配泛函取到极小值的电导率模型 $(\sigma_{\mathrm{b}})$：

$$\Phi(\sigma_{\mathrm{b}}) = \min \tag{5.13}$$

给背景电导率加上一个微小扰动，有

$$\sigma_{\mathrm{b}}'(x,z) = \sigma_{\mathrm{b}}(x,z) + \delta\sigma(x,z) \tag{5.14}$$

则失配泛函的扰动表示为

$$\delta\Phi(\sigma,\delta\sigma) = \frac{1}{4} \iint_{-\infty}^{+\infty} (\delta E_y^{\Delta} H_x^{\Delta*} + E_y^{\Delta} \delta H_x^{\Delta*} + \delta E_y^{\Delta*} H_x^{\Delta} + E_y^{\Delta*} \delta H_x^{\Delta}) \, \mathrm{d}x' \mathrm{d}\omega \tag{5.15}$$

式中：当 $\delta E_y^{\mathrm{obs}}(x',0,\omega) = \delta H_x^{\mathrm{obs}*} = 0$ 时，有

$$\begin{cases} \delta E_y^{\Delta}(x',0,\omega) = \delta[E_y^{\mathrm{obs}}(x',0,\omega) - E_y^{\mathrm{b}}(x',0,\omega)] = -\delta E_y^{\mathrm{b}}(x',0,\omega) \\ \delta H_x^{\Delta*}(x',0,\omega) = \delta[H_x^{\mathrm{obs}*}(x',0,\omega) - H_x^{\mathrm{b}*}(x',0,\omega)] = -\delta H_x^{\mathrm{b}*}(x',0,\omega) \end{cases} \tag{5.16}$$

背景电磁场可由式（5.17）和式（5.18）计算得到：

$$\delta E_y^{\mathrm{b}}(x',0,\omega) = \mathrm{i}\omega\mu_0 \iint G_{\sigma_{\mathrm{b}}} \delta\sigma E_y^{\mathrm{b}} \mathrm{d}s \tag{5.17}$$

$$\delta H_x^{\mathrm{b}*}(x',0,\omega) = \iint \frac{G_{\sigma_{\mathrm{b}}}}{\partial z'} \delta\sigma E_y^{\mathrm{b}} \mathrm{d}s \tag{5.18}$$

式中：$G_{\sigma_{\mathrm{b}}}$ 为背景电导率 $\sigma_{\mathrm{b}} = \sigma_{\mathrm{b}}(x,z)$ 地电模型的格林函数。将式（5.17）和式（5.18）代入式（5.15）和式（5.16）得

$$\delta\Phi(\sigma,\delta\sigma) = -\frac{1}{4}\iint\delta\sigma\int\int_{-\infty}^{+\infty}(i\omega\mu_0 G_{\sigma_b}E_y^b H_x^{\Delta*} - E_y^{\Delta}\frac{\partial G_{\sigma_b}^*}{\partial z'}E_y^{b*} - i\omega\mu_0 G_{\sigma_b}^* E_y^{b*}H_x^{\Delta} - E_y^{\Delta*}\frac{\partial G_{\sigma_b}}{\partial z'}E_y^b)\,dx'd\omega ds$$

(5.19)

剩余磁场 $H_x^{\Delta}$ 为剩余电场 $E_y^{\Delta}$ 的垂向导数:

$$H_x^{\Delta} = -\frac{1}{i\omega\mu_0}\frac{\partial E_y^{\Delta}}{\partial z'}$$

(5.20)

将式(5.20)代入式(5.19),有

$$\delta\Phi(\sigma,\delta\sigma) = -\frac{1}{4}\iint\delta\sigma\int E_y^b\int_{-\infty}^{+\infty}\left(G_{\sigma_b}\frac{\partial E_y^{\Delta*}}{\partial z'} - E_y^{\Delta*}\frac{\partial G_{\sigma_b}}{\partial z'}\right)dx'd\omega ds$$

$$= -\frac{1}{4}\iint\delta\sigma\int E_y^{b*}\int_{-\infty}^{\infty}\left(G_{\sigma_b}^*\frac{\partial E_y^{\Delta}}{\partial z'} - E_y^{\Delta}\frac{\partial G_{\sigma_b}^*}{\partial z'}\right)dx'd\omega ds$$

(5.21)

引入剩余偏移电场 $E_y^{\Delta m}$ 的概念:

$$\int_{-\infty}^{\infty}\left(G_{\sigma_b}^*\frac{\partial E_y^{\Delta}}{\partial z'} - E_y^{\Delta}\frac{\partial G_{\sigma_b}^*}{\partial z'}\right)dx' = E_y^{\Delta m*}$$

(5.22)

$$\int_{-\infty}^{\infty}\left(G_{\sigma}\frac{\partial E_y^{\Delta*}}{\partial z'} - E_y^{\Delta*}\frac{\partial G_{\sigma}}{\partial z'}\right)dx' = E_y^{\Delta m}$$

(5.23)

将式(5.22)和式(5.23)代入式(5.21),得

$$\delta\Phi(\sigma,\delta\sigma) = -\frac{1}{4}\iint\delta\sigma\int(E_y^b E_y^{\Delta m} + E_y^{b*}E_y^{\Delta m*})\,d\omega ds = -\frac{1}{2}\iint\delta\sigma\,\text{Re}\int E_y^b E_y^{\Delta m}d\omega ds$$

(5.24)

由于

$$\delta\sigma(x,z) = -k_0 l(x,z), \quad (x,z)\in D$$

(5.25)

式中:$k_0$(步长)为一个正数。

梯度方向 $l(x,z)$ 的计算公式可表示为

$$l(x,z) = -\text{Re}\int E_y^b E_y^{\Delta m}d\omega$$

(5.26)

此时有

$$\delta\Phi(\sigma_b,\delta\sigma) = -\frac{1}{2}k_0\iint[\text{Re}\int E_y^b E_y^{\Delta m}d\omega]^2\,ds$$

(5.27)

式(5.27)表明,剩余场能流函数的梯度方向是背景场与剩余偏移场在频率上的积分函数。

若初始模型的背景电导率为

$$\sigma_{(0)}(x,z) = \sigma_b(x,z)$$

(5.28)

则第一次迭代的电导率可表示为

$$\sigma_{(1)}(x,z) = \sigma_{(0)}(x,z) + \delta\sigma(x,z) = \sigma_b(x,z) - k_0 l(x,z), \quad (x,z)\in D$$

(5.29)

$k_0$ 一般由式(5.30)确定:

$$k_0 = -\frac{\text{Re}\iint_{-\infty}^{\infty}[E_y^l H_x^{\Delta*} + E_y^{\Delta}H_x^{l*}]dx'd\omega}{2\text{Re}\iint_{-\infty}^{\infty}E_y^l H_x^{l*}dx'd\omega}$$

(5.30)

式中：$E_y^l$ 为频域的电磁偏移场。联立式（5.25）和式（5.26）得

$$\Delta\sigma_{ma}(x,z) = -k_0\,\mathrm{Re}\int E_y^b(x,z)E_y^{\Delta m}(x,z)\,\mathrm{d}\omega \tag{5.31}$$

式中：$\Delta\sigma_{ma}$ 为偏移视电导率（migration apparent conductivity）。式（5.31）表明，将背景场与剩余偏移场进行乘积运算，并对乘积进行所有工作频率上的积分，取其实部即可求得偏移视电导率。

## 5.3　迭代偏移

偏移可以看作反演的一次迭代，多次迭代偏移可以实现更加可靠的地电模型重建。一般迭代过程可以通过式（5.32）来表示（Zhdanov et al.，2011；Zhdanov et al.，2010）：

$$\sigma_{(n+1)}(x,z) = \sigma_{(n)}(x,z) + \delta\sigma_{(n)}(x,z) = \sigma_{(n)}(x,z) - k_n l_n(x,z) \tag{5.32}$$

第 $n$ 次迭代的梯度方向 $l_n(x,z)$ 的计算公式可表示为

$$l_n(x,z) = -\mathrm{Re}\int E_y^n E_y^{\Delta_n m}\mathrm{d}\omega \tag{5.33}$$

式中

$$\begin{cases} E_y^{\Delta_n}(x',0,\omega) = E_y^{\mathrm{obs}}(x',0,\omega) - E_y^n(x',0,\omega) \\ H_x^{\Delta_n}(x',0,\omega) = H_x^{\mathrm{obs}}(x',0,\omega) - H_x^n(x',0,\omega) \end{cases} \tag{5.34}$$

与式（5.30）类似地有

$$k_n = -\frac{\mathrm{Re}\iint_{-\infty}^{\infty}[E_y^{l_n}H_x^{\Delta_n*} + E_y^{\Delta_n}H_x^{l_n*}]\mathrm{d}x'\mathrm{d}\omega}{2\,\mathrm{Re}\iint_{-\infty}^{\infty}E_y^{l_n}H_x^{l_n*}\mathrm{d}x'\mathrm{d}\omega} \tag{5.35}$$

根据吉洪诺夫正则化原理，有

$$P^\alpha(\sigma) = \Phi(\sigma) + \alpha S(\sigma) = \min \tag{5.36}$$

式中：$\alpha$ 为正则化因子，$S(\sigma)$ 为稳定器。此时，迭代过程可表示为

$$\sigma_{(n+1)}(x,z) = \sigma_{(n)}(x,z) - k_n^{(a)}l_n^{(a)}(x,z) \tag{5.37}$$

式中：$l_n^{(a)}(x,z)$ 为第 $n$ 次迭代的正则化梯度方向，表示为

$$l_n^{(a)}(x,z) = -\mathrm{Re}\int E_y^n E_y^{\Delta_n m}\mathrm{d}\omega + \alpha(\sigma_n - \sigma_{\mathrm{apr}}) \tag{5.38}$$

式中：$\sigma_{\mathrm{apr}}$ 为先验电导率。

从上述计算过程可以看出，每次迭代需进行两部分的正演计算：一是求得偏移场；二是计算电导率为 $\sigma_n$ 时模型的正演结果。

# 参 考 文 献

TARANTOLA A, 1987. Inverse problem theory. Norderstedt: Book on Demand Ltd.: 613.

ZHDANOV M S, 2009. Geophysical electromagnetic theory and methods. Amsterdam: Elsevier.

ZHDANOV M S, TRAYNIN P, 1997. Migration versus inversion in electromagnetic imaging technique. Earth Planets and Space, 49(11): 1415-1437.

ZHDANOV M S, CUMA M, WILSON G A, 2010. 3D Iterative migration of marine controlled-source electromagnetic data with focusing regularization//72nd EAGE Conference and Exhibition incorporating SPE EUROPEC, Barcelona, Spain, 43(1): 1.

ZHDANOV M S, ČUMA MARTIN, WILSON G A, et al., 2011. Iterative electromagnetic migration for 3D inversion of marine controlled-source electromagnetic data. Geophysical Prospecting, 59(6): 1101-1113.

# 第 *6* 章

# 并行化实现

并行指计算机系统中能同时执行两个或多个处理机任务的一种计算方法（陈国良 等，2008；都志辉，2001）。将并行的思想加入电磁偏移程序中，可以大大节省多频偏移和层层递推偏移问题的处理时间。

并行计算（parallel computing）是并发、同时使用多种计算资源，快速解决同一个较大的计算问题。但是，并行计算也是有前提的，只有将计算应用分解成相互独立的子应用，才能正确地将子应用分别在不同的运算单元上执行，并在计算完成后汇总计算结果，完成计算应用。通过投入更多的计算资源，可以加快计算速度，并且扩大计算规模。

随着摩尔定律的第一次失效，计算机芯片的多核技术及多计算机集群技术得到快速发展。设计相关算法的并行程序，在相应的并行环境中执行，必然可以有效地提升计算的执行速度。目前常规的并行环境主要有两种：一是由多核和多处理器组建的大型单计算机；二是由多台计算机组成的并行集群系统。

# 6.1 并行计算平台

美国学者 Flynn（1966）按照指令流和数据流的不同组合特征将计算机分为 4 类。

（1）单指令流单数据流计算机。大多数串行计算机都属于此类，但不属于并行计算机，其特征是串行和确定性。

（2）单指令流多数据流计算机。对于数据并行类问题，此类计算机具备很高的处理速度，其特征是同步性和确定性，适用于指令并行。

（3）多指令流单数据流计算机。此类计算机应用较少，一些特殊用途的计算机可能适合于这一范围，如操作一个单信号流的多频率滤波器。

（4）多指令流多数据流计算机。此类计算机是并行计算机的一种较为理想的结构，每个计算机在各自唯一的数据流上执行各自的指令流，与其他计算机无关。其特征在于指令流可同步或异步执行，指令流的执行具有确定性和不确定性，适合块、回路或子程序级的并行，并且可以按照多指令或单程序模式进行计算。

# 6.2 并行计算模型

并行计算模型，也称编程模型，指提取各种并行计算机的基本特征，形成一个位于具体并行计算机之上的抽象并行计算机。抽象的计算模型是并行算法的实现基础。通常基于这种计算模型研究和开发各种有效的并行算法，然后再将研究得到的并行算法映射到某一具体的并行计算机上。

相比直接基于具体并行计算机进行算法设计，并行计算模型起到了屏蔽并行计算机实现细节的作用，使设计的算法可以映射到一类或多类并行计算机上。

并行计算模型为并行计算的研究提供基础，为并行算法的设计和开发提供一种简单的框架，并使设计的并行算法具有一定的通用性和生命力，算法设计者将注意力集中于开发与应用问题本身相关的固有并行性，从而使并行计算模型可以适用于多种具体的、不同的并行计算机。

# 6.3 并行计算应用

并行计算对多个领域都有重要的影响，部分领域应用如下。

（1）工程设计。大多数工程设计中的应用会产生多维时空和多种物理现象耦合的问题，如量子现象、分子动力学、随机和物理过程的连续模型等，这对几何模型、数学模型和算法开发都是很大的挑战，这些问题都涉及并行计算的使用。另外，一些工程设计中对各种过程的优化也离不开并行计算。

（2）物理、化学和生物信息学。一些最新的并行计算技术所针对的对象是物理、化学，尤其是生物信息学。计算物理的应用过程涉及从量子现象到大分子结构；计算化学的应用过程包括新材料的设计、化学过程的理解等；生物信息学则对超大型数据集分析要求很高。这些学科研究都需要很强的并行计算能力。

（3）地球物理勘探。并行计算在地球物理勘探中已开始发挥重要的作用，在地震处理中的应用研究较早，取得成果较多，在非地震方法中的研究刚刚起步，还缺乏实用性，需要进一步研究、发展和大力推广。关于并行计算技术在电磁勘探数据处理方面的应用，国内外均有相关文献发表。同其他非地震方法一样，研究尚处在起步阶段，缺乏实用性。

## 6.4　基于 OpenMP 的共享内存并行计算

在并行计算中，利用共享内存实现进程间通信是一种重要的方法。OpenMP 可以实现在共享内存环境下进行并行计算，且该共享内存环境具有较强的可移植性。

OpenMP 并不是指一套新的并行编程语言，而是通过对 C/C++和 Fortran 进行一些编译扩展，实现用户程序的并行扩展。在多核处理器环境下，对串行程序适当地加入 OpenMP 的并行特性，可在较大程度上提高程序的运行效率。

OpenMP 设计的基本原则是以简单、易扩展、易移植的方式来实现多处理器并行计算。其基本方法是在原来串行程序的基础上，通过编译、指示、定义并行块，使并行块启动多个进程，并在多处理器上并行执行。

### 6.4.1　OpenMP 编译指示语句

C/C++语言 OpenMP 编译指示语句说明如下。

#pragma omp construct[clause [clause]…]，该语句可以用不支持 OpenMP 的编译器编译和运行。

几种常用的 OpenMP 的编译指示说明如下。

（1）并行区编译指示"omp omp parallel"。该语句指示构造一个并行执行块，可单独使用，通常与 for 和 section 一起使用。

（2）for 编译指示"pragma omp for"。该编译指示将后面的 for 语句分配到并行区的多个线程中执行，通常要与 parallel 并行区一起使用，否则没有效果。

（3）sections/section 编译指示"pragma omp section"。该编译指示并行区中的每个线程指定不同的作业。

## 6.4.2　OpenMP 库函数

OpenMP 特有的库函数主要有如下几种。

（1）omp_get_num_procs ( )：返回运行本线程的多处理机的处理器个数。

（2）omp_get_num_threads ( )：返回当前并行区域中的活动线程个数。

（3）omp_get_thread_num ( )：返回线程号。

（4）omp_set_num_threads (int no)：设置并行执行代码时的线程个数。

## 6.4.3　OpenMP 程序设计基本方法

OpenMP 能以相对简单的方式实现并行程序的编写，是因为它自身完成了较多的工作，如为并行程序段创建一组线程，将任务分配到各个线程并以合适的方式分配共享变量和私有变量。但要真正实现正确和高效的并行计算，还要根据实际情况对一些问题进行合理的设置。

（1）保证串行程序的正确性。在保证串行版本正确执行的基础上，进一步检查并行 OpenMP 可能的错误。①确定错误发生的并行块：注释所有 OpenMP 并行编译指令，然后逐个打开并行编译指令，以确定错误发生的大致位置。②在大致错误位置附近，有选择性地打开和关闭部分 OpenMP 指令，以进一步定位错误的准确位置。③如果存在数据竞争，尽可能地多开线程，线程越多，数据竞争重现的次数就越多，也越容易暴露问题。

（2）提高 OpenMP 效率。在 OpenMP 程序中同时存在并行和串行部分。一般的性能分析方法首先要找到程序的瓶颈之处，即最耗时的子程序段。根据阿姆达尔（Amdahl）定律，最大限度地提高该段程序总体运行效率。

分析最耗时子程序段，需要进行时间测量。简单的方法可用计时函数，更精确的方法可使用 Windows 平台下的 QueryPerformanceCounter 函数。

# 6.5　MATLAB 并行化

MATLAB 是美国 MathWorks 公司的软件产品，它是以矩阵计算为基础的科学计算工具，具有高效、易用、图形化等特征，配合大量的工具箱，可以帮助分析师快速解决各种复杂的应用数学问题，目前已在世界范围内得到各国科研和工程人员的认可，成为数值计算领域的主力软件（姚尚锋 等，2016；余莲，2009）。

## 6.5.1 MATLAB 并行系统

为了提高对并行计算机系统的认识，方便进行并行程序的开发调试，开发小型并行系统，硬件组成如下。Master：笔记本电脑，单核，M：1G，D：14G；Slave：台式机，双核，M：2G，D：30G；无/有线路由：Fast-FW54R；双绞线：若干。

软件均为并行开源软件，并行开源软件见表 6.1。

表 6.1 并行开源软件

| 项目 | 软件 |
| --- | --- |
| 操作系统 | CentOs 6.3 |
| 编译器 | GCC、GFortran |
| 远程登录 | SSH |
| 文件服务器 | rpcbind、NFS |
| MPI 实现 | OpenMPI |

DIY 并行机系统步骤：①熟悉 LINUX 系统，掌握常用的操作、配置；②安装编译器软件，配置环境变量；③安装 SSH 软件，并设置无密码远程登录；④安装 rpcbind、NFS 文件服务器，使本地文件可以映射到各计算节点；⑤安装 OpenMPI 库。

二维和三维并行计算软件既可以用于共享式多核单机，也可用于分布式并行计算集群。共享式多核单机情况下，设置核数后可以直接运行并行程序。

## 6.5.2 MATLAB 并行计算

利用 MATLAB 强大的功能，诸多数值计算和工程仿真模拟等问题都可以得到解决，但同时也产生了新的技术难题，如运算量太大以致计算速度难以满足需求、执行程序所需的内存较大等。将 MATLAB 程序进行并行化处理，可以解决很多技术难题和相关的数值计算攻关问题（余莲，2009）。

在 MATLAB 2009 版本之后，MATLAB 推出了并行计算工具箱（parallel computing toolbox，PCT）及 MATLAB 分布式计算引擎（MATLAB distributed computing engine，MDCE）。通过 PCT 与 MDCE 协作，使用者可以不必担心多核、多处理器及多计算机的底层数据通信问题，而将更多的精力投入到并行算法设计上。同时，使用 MATLAB 并行计算还可以弥补一般并行计算与数值计算库关系松散、数据图形化显示不够人性化等缺陷，以便快速方便地完成并行程序开发任务。MATLAB 并行架构示意图如图 6.1 所示。

使用 MATLAB 进行并行程序开发时，应考虑以下三个问题。

（1）并行解决方案。确定并行解决方案，是并行程序开发的重要环节。只有选择合适的并行解决方案，才能保证得到较好的并行效果。应先对算法程序进行分析，寻找计算量最大或最耗费计算资源的部分，确认其能否并行执行（即有没有细分以后独立地在

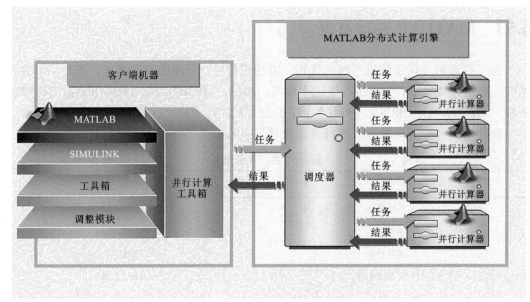

图 6.1　MATLAB 并行架构示意图

不同计算单元中计算的可能），找到了算法具有并行性的部分，然后选择合适的并行结构开发并行程序。

（2）并行环境。并行环境是并行计算运行的基本保障。使用多核、多处理器、多计算机（即集群）都可以进行并行计算，若开发者只有一台装有一个单核处理器的计算机，则无法通过并行计算提高程序的计算速度、扩大解决问题的规模。另外，有了硬件基础，还要进行相关的构建和配置，才能最终完成并行环境的搭建。

（3）并行效果分析与评价。确立并行方案以后，就可以在并行环境中开发、编写并行程序。在保证并行程序运行效果正确的基础上，通过调试来进行并行效果分析。并行效果分析有一定的评判标准。只有并行程序的执行效率随计算资源的投入线性调高，并行效果才最为理想。否则，就要分析原因，并进行相应的修改测试。

## 6.5.3　Parfor 并行结构

Parfor 循环是一个并行控制流结构。Parfor 循环执行顺序相互独立、互不影响的循环体组成的特殊结构，并在一组可操纵的计算集群上进行并行计算。

利用 Parfor 控制结构对 for 循环并行化，首要问题是确认 for 循环的内容可以在任何顺序下执行，即不同的执行顺序不影响各个循环的最终结果。通过调用额外的计算资源，并行执行并行化以后的代码，可以使编程代码执行速度加快，并得到与串行代码一致的结果。当集群中没有额外的计算资源时，代码将在单处理器系统上执行，此时 Parfor 并行结构就像一个传统的 for 循环，即 Parfor 循环体将在单个计算机上串行执行。Parfor 循环中的各次迭代都是完全相互独立的，即每次循环的执行途径、执行顺序都互不干扰。

Parfor 语法说明如下。

```
parfor(itr=m:n,[NumWorkers])
    %循环体
end
```

语句中的 NumWorkers 是一个可选参数,表示 MATLAB 集群中用户用来执行循环体的 Lab 的数量上限。如果集群中可用的 Lab 少于这个数量,MATLAB 将采用可用 Lab 的最大数量。

Parfor 并行循环结构将循环体内的迭代分配到可利用计算机上的多个进程,各个迭代可能运行在多个独立的计算机上。同时,在 MATLAB 终端上,Parfor 循环体执行前和完成后,循环体结构自动传输和采集代码执行所需的数据、代码和结果。

执行 Parfor 循环有 5 个基本步骤:①计算系统初始化,由用户通过执行 matlabpool 命令完成;②对循环体进行静态分析;③传输适当的代码和数据到 Parfor 循环体执行的计算资源的内存或硬件存储器上;④在初始化后的计算资源上执行代码;⑤由 Parfor 循环结构收集和整理计算结果。

Parfor 并行循环结构作为 MATLAB 重要的并行处理语句,它的使用规则可以分为句法规则、确定性规则和运行时规则三个类别。

## 1. 句法规则

Parfor 句法规则在 Parfor 循环体结构内生效。

在 Parfor 循环体结构内禁止使用 break 和 return 语句,而且对迭代索引的范围和变化也有一定的限制:要求循环变量必须为整数、非负、不递减。

软件命令路径:同一并行系统的各计算机中,并行计算组件的安装路径应一致,这样才能准确地调用相关命令。

程序运行错误处理:当 Parfor 结构运行中出现错误时,所有的循环都将停止,新的循环也不会继续初始化,系统将在主显示器上显示存在问题的计算机 ID,以便开发者进行调试。

函数嵌套:Parfor 结构可以调用函数句柄,但不能嵌套使用。

特殊变量处理:全局变量和 persistent 变量声明不可以出现在 Parfor 中。

设定以上句法规则是为了确保代码编写者理解这些适用于 Parfor 循环体结构的限制。

## 2. 确定性规则

确定性规则的存在是为了使循环具有一定的确定性,即循环的计算结果不依赖迭代执行的顺序、循环初始化和其他必要内容。当这些条件不能得到满足时,就会出现编程错误。

对 Parfor 循环体执行静态分析并解析变量的依赖关系。内部解析器通过执行标准的方案来构建解析树、解析名称、符号表,执行使用并进行初始化分析。这一分析结果将 Parfor 循环体结构中的变量分为以下 5 种类型(表 6.2)。

表 6.2　Parfor 循环中的 5 种变量类型

| 变量类型 | Parfor 循环体内 | Parfor 循环体外 | 输入、输出属性 | 补充说明 |
|---|---|---|---|---|
| 循环变量 | Parfor 关键字后直接定义 | 不存在 | 输入属性，循环体内不赋值 | 作为 Parfor 循环体内阵列的索引，整型、递增 |
| 分段变量 | 如果是输入属性，在循环体内不进行赋值操作；如果是输出属性，循环体内可以进行赋值 | 如果是输入属性，在循环体外进行初始化后才能在循环体内进行操作 | 可以同时具备输入和输出属性 | 分段变量数据从 MATLAB 终端传输到工作机或者从工作机传回客户端。分段变量以循环变量为索引 |
| 广播变量 | 循环体内不能进行赋值操作 | 循环体外进行初始化 | 输入属性 | 循环体外进行赋值操作，循环体内使用 |
| 简约变量 | 循环体内进行简约操作 | 循环体外进行初始化操作，各个工作机将结果汇总到 MATLAB 终端，合并得到最终结果 | 输出属性 | 循环体外赋初值，循环体内只进行简约操作 |
| 临时变量 | 循环体内进行相关操作 | 循环体执行结束后，变量不再存在 | 非输入属性、非输出属性 | 循环体外可以存在，也可以不存在 |

（1）循环变量：一个由 Parfor 控制的变量，作为索引使用，起循环计数器的作用，可用于分段变量的索引。

（2）分段变量：以循环变量为索引的变量。为了使 MATLAB 解释器能进行准确识别，分段变量需要符合一定的要求，即索引形式应该是固定的。在 Parfor 循环体内部，不可以改变各维度的大小；分段变量必须有输入或者输出属性。分段变量在循环体的表达式中使用，可能是终端机上定义赋值，出现在表达式右侧，在这种情况下变量有输入属性；分段变量必须被传输到其余的计算机中，或者出现在表达式左侧，在这种情况下变量有输出属性，是一个输出变量，数据必须被传输回来。

（3）广播变量：一个没有特殊赋值的变量，必须通过主机发送。广播变量在 Parfor 循环体执行之前变量被赋值，并从 MATLAB 运行终端发送到各个执行运算的计算机，在循环体内不可以对其执行赋值操作。

（4）简约变量：一个出现在非索引表达式的变量，形式为

```
r=f(expr, r) 或 r=f(r, expr)
```

如果一个变量被归为简约变量，MATLAB 会采取随机的顺序，从不同的迭代循环中将变量 $r$ 的值收集并归纳到 MATLAB 任务终端。若 expr 为一种交互通信和互联的操作，则函数 $f$ 将得到特殊的确定性结果，例如乘法。有时虽然不是一个执行顺序相互独立的操作，也可以作为归约变量进行并行化处理。因此，以下循环可以生成 $x=[1, 2, 3, 4, 5, 6, 7, 8, 9, 10]$，并行化以后结果"正确"，循环体中的 $x$ 即为简约变量。

```
x=[];    %空数组
```

```
parfor itr=1:10
    x=[x,itr];    %串联成一个更大的数组
end
```

（5）临时变量：一个用来完成循环体中简单任务的变量，将在每次迭代的开始和结束清除。临时变量的任何一个赋值在执行循环后丢失。而且，循环体执行前没有初始化和定义，在循环体外临时变量不存在，循环体执行完成后，任何试图使用临时变量的操作都会导致错误。在循环体执行前初始化和定义的变量，在循环体执行结束后继续存在，但它的值与在循环体执行之前一样，不发生改变。

5 种变量类型的分析和归纳是确定循环体并行化成功的关键。MATLAB 中各种阵列的使用是不需要声明的。数据的定义和初始化，是给定数据的初始值。对变量的赋值，是给定或者改变变量的数值。变量用于进行相关计算或处理。变量存在与否，主要决定于该变量是否可以使用。

输入属性、输出属性是就 Parfor 循环体而言的。将 Parfor 循环体视作一个程序块，输入属性是循环体外部的变量，进入循环体内可以使用，输出属性是循环体内部的变量，在跳出循环体后也可以使用。

简约操作是简约变量的特殊处理。所谓特殊，是因为它与并行计算紧密相关。并行计算是将计算任务分发给不同的工作机进行计算，这就要求计算任务具有一定的可分割性，即只有各个任务可以独立执行才能进行并行化处理。简约操作是对并不互相独立的循环进行并行化。简约操作示例程序如下。

```
a=0;
N=1000;
for i=1:N
    a=a+1;
end
```

上述程序中，循环不是相互独立的，但是 Parfor 循环进行了特殊处理，即简约操作。MATLAB 将程序中的 $a$ 作为特殊变量，称为简约变量。在每个工作机上均产生特殊的 $a$，程序执行完成后汇总时再做特殊处理，以期达到特殊并行化的目的。

作为简约操作的唯一对象，简约变量必须符合一定的要求：只在简约操作中出现简约变量；同一 Parfor 循环体内，简约操作只能出现一种。

并行化过程中应根据以上分类方案对循环体内所涉及的所有变量进行分类。如果不能对任何一个变量进行分类，则并行化是非法的，即 MATLAB 将报告一个错误，Parfor 循环体结构将不能在集群中进行计算。应确定循环中所有变量的类型，使 Parfor 循环做出必要的决策来划分并分配迭代循环的范围，为远程执行任务的计算机打包可执行代码和必要的数据。在循环执行完成后应确定计算结果所在的计算机。

对并行化代码的分析可以通过 MATLAB 自带的代码编辑分析器完成，这样可以提高代码并行化效率，并快速完成并行化方案可行性分析与诊断。

### 3. 运行时规则

运行时规则指定运行时的透明性要求，将限制在 Parfor 循环体结构中使用 MATLAB 函数。MATLAB 中的某些结构，如 eval( )、evalin( )、load( )、save( ) 将通过不能静态分析的方法修改它们的工作区。eval( ) 或 evalin( ) 将修改各自的工作空间，可以修改任意的 MATLAB 代码（甚至在特别恶意的情况下退出）。同样，load( ) 将加载一个 MATLAB 数据文件到内存中任意设置的变量，修改工作区，并不能进行静态分析。在 Parfor 循环体执行前后只有一个独立工作区。当多个计算机的不同操作作用在这个工作空间时，将会摧毁它的完整性，使用这种类型的函数，不能有效地找出哪些数据必须在哪些计算资源中来回传输。Parfor 循环体结构中若包含这样的函数，在执行时系统将会报错，程序并行化处理将遇到问题。

不能并函数：有一些 MATLAB 函数，如输入输出函数、绘图函数等是没有并行性可言的，如果这些函数在计算机上执行将出现错误，导致程序挂起。

另外，对于代码和数据传输问题，为了支持可能运行在多个独立的计算机上的工作进程之间的动态任务分享，Parfor 循环不仅传输所需执行的代码，而且传输必要的数据。

实际上，Parfor 循环是以主-从模式实现并行的。在交互式会话（直接与用户交互）过程中，MATLAB 终端充当主机，而集群中的 MATLAB 工作进程从主机上接收工作。在一个工作集群中，一台运行 MATLAB 进程的计算机将作为工作群中的主机。这个设置需要一个持久的主机和从机之间的通信通道。持久的客户端之间的通信是通过将局域网络连接在 MATLAB 终端和从机间建立的。

MATLAB 并行计算中的代码和数据传输方式可以很巧妙地通过通信通道实现，但其技术细节超出了本书的范围，本小节只给出一些重要概念。粗略地说，函数句柄相当于在 C 语言中指向函数的指针。因此，表达式 myFun=@sin 提供了一个指向内置 sin 函数的函数句柄，并将其结果存储在变量 myFun 中。函数 myFun 可以执行像 sin 函数一样的各种操作，即表达式 myFun(pi) 和 sin(pi) 将得到相同的结果。

匿名函数在 MATLAB 表达式中作为函数句柄在工作区中存在，但不一定有相应的用户定义或内置 MATLAB 函数。表达式 myFun=@(x, y)(x^2+y^2) 创建一个匿名函数，返回两个输入数值的平方和。用户通过其函数句柄访问存储在 myfun 的表达式，因此，myfun(2, 3) 将得到与表达式 2^2+3^2 相同的输出。

在任务分发时，Parfor 结构循环将计算任务和数据封装转换成一个可以使用函数句柄引用的函数，将输入变量进行分割，将广播变量和索引变量作为其输入，将分段的输出变量作为输出。根据不同的执行环境，Parfor 循环体结构以两种不同的方式发送可执行包。在 MATLAB 命令行执行时，可执行包是一个匿名函数，与所需数据一起被传输到从属计算机上执行。当作为 MATLAB 函数体（含有适当的函数声明，以 MATLAB 文件形式存在）来执行时，可执行包是一个 Parfor 循环体结构自动生成的内置在循环体中的函数句柄，前提是 MATLAB 函数在集群上各计算机中存在，并且可以被调用。在这种情况下，与并行循环在 MATLAB 命令行键入不同，循环体不再被传输至执行计算的各计算机。

自动生成的可执行包被序列化，并在多个执行计算的计算机与 MATLAB 终端上通过已建立的持续传输通道进行传输。在执行计算的计算机上，可执行包进行反序列化、执行，然后分段输出计算的结果、返回结果。各次循环迭代动态地分配给各个将要执行计算的计算机。一个粗略的 Parfor 循环体结构任务调度示意图如图 6.2 所示。

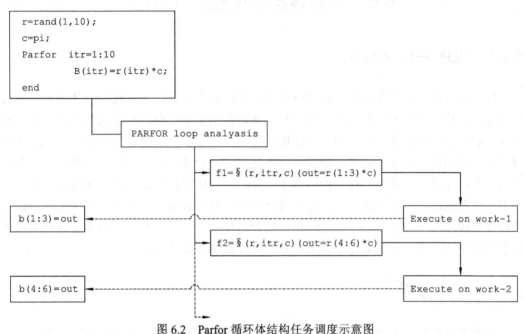

图 6.2　Parfor 循环体结构任务调度示意图

Parfor 结构不断打包和传输数据，直到任务全部计算完成。因此，在图 6.2 中 f 2 创建并派遣执行之前，执行 f1 的结果实际上可能已经完成并返回了。Parfor 循环体使用一个标准方案，动态协调在执行计算的计算机之间的循环迭代的分配。

通过上述分析可以看出，Parfor 循环体结构对程序并行化属于隐式并行、任务分割，各个细化任务的分配、数据和编码传输及计算结果返回都是由 Parfor 循环体结构自动完成的。

## 6.5.4　实例分析

为验证并行算法的效果，在串行和并行两种模式下实现粒子群算法。在两种模式下将粒子数目、迭代次数等相关系数都设置为相同数值：粒子个数为 100，迭代次数为 1000次，地电模型为三层。具体程序是在双核单机下模拟多进程进行的，操作系统为 Windows系统，PC 机配置为 Intel(R)Core(TM) i5-2540M CPU，主频为 2.60 GHz，内存为 4 GB。表 6.3 所示为串行计算与并行计算的 CPU 时间、加速比、加速效率，可以明显看出，并行计算大大地提高了计算速度。

表 6.3 串行计算与并行计算的 CPU 时间和加速比、效率分析

| 串行计算 CPU 时间/s | 并行计算 CPU 时间/s | 加速比 | 加速效率/% |
| --- | --- | --- | --- |
| 219.281 3 | 34.484 4 | 6.358 8 | 317.94 |

# 6.6 电磁偏移处理程序并行化

## 6.6.1 程序并行化步骤

程序并行化首先需要设计开发串行程序，然后基于串行程序进行并行化处理。通常的程度并行化步骤如下。①对已有的串行程序进行调试和分析，加深对程序的主要流程和算法的了解，厘清各程序段的主要作用，并找出相互独立、执行顺序和与结果无关的程序段。②利用时间计量函数，分段对程序进行时间计量，将计算时间开销较大的部分挑选出来，并对其独立项进行分析，为下一步的并行化提供理论依据。③确定并行解决方案。选取适度的并行粒度，粒度过小将增加通信开销影响并行效果，粒度过大可能造成计算资源浪费。选择适当的并行结构，优先选择成熟、适用的并行语句，这样可以提升问题解决的效率。④依据并行方案，开发并行程序并进行相关调试。

## 6.6.2 程序分析

依据本书前几章中的理论推导，频域电磁数据偏移的 MATLAB 语言程序如下。

```
function [out]=migfirstlayer(data,Nxx,Nyy,delx,dely,delz, sigma_bkg,
              frequency,data_anm,Zbkg);
T=(2*pi)/frequency;
rho_bkg=1/sigma_bkg;
lamda_bkg=sqrt(10^7*rho_bkg*T);
delx_lamda=delx/lamda_bkg;
dely_lamda=dely/lamda_bkg;
vert_step=[(495+delz):delz:1995]-495;
out=[];
for ivert_step = 1:length(vert_step)
    ivert_step
    ind=0;
    delz = vert_step(ivert_step);
    delz_lamda =delz/lamda_bkg;
    coef = delx_lamda*dely_lamda*(delz_lamda/(2*pi));
    n=50;
```

```
l=50;
xl=[-n:1:n].*delx_lamda;
yl=[-l:1:l].*dely_lamda;
[yn,xn]=meshgrid(yl,xl);
r_n1=sqrt(xn.^2+yn.^2+(delz_lamda^3));
rn1=(i-1).*2.*pi.*r_n1;
Cn1=coef.*exp(rn1).*(1-rn1)./(r_n1.^2);
Ct_nl=Cn1;
f_ext_anm =zeros(Nyy+length(yl)-1,length(data_anm)-20);
 f_ext_anm(n+1:n+Nyy,1:length(data_anm)-20) = data_anm(:,11:431);

for ix = 1:Nxx
   for iy = 1:Nyy
     ind=ind+1;
     f_tnl_anm = f_ext_anm(iy:iy+100,ix:ix+100);
     f_xyzp_anm(iy,ix) = sum(sum(Ct_nl.* f_tnl_anm));
   end
end

omega = 2*pi*frequency;
mu=4*pi*(10^(-7));
kb=sqrt(i*omega*mu*sigma_bkg);
E_bkg = Zbkg*exp((-1)*kb*delz);
E_bkg_fld =  E_bkg*ones(Nyy,Nxx);
Ana_bkgRep = real(E_bkg_fld);
Ana_bkgImp = imag(E_bkg_fld);
migdat_anmRep = real(f_xyzp_anm).';
migdat_anmImp = imag(f_xyzp_anm).';
out=[out;[data(1:ind,1:2)data(1:ind,1).*0+495+vert_step(ivert_step)...
   data(1:ind,1).*0+frequency Ana_bkgRep(:) ...
   Ana_bkgImp(:) migdat_anmRep(:) migdat_anmImp(:)]];
end
```

为了方便讨论，程序中给出的是单一频率计算电磁偏移场的函数，文件读入、结果输出、将电磁偏移场成像的相关程序已略去。

从上面给出的程序可以看出：①在进行偏移深度循环 vert_step 之前，只进行了所用物理量的简单计算；②函数的主体是对每一偏移深度计算一次电磁偏移场，各个偏移深度的电磁偏移场是相互独立、互不影响的；③主体循环内部嵌套了以 Nxx、Nyy 为循环依据的两个循环，目的是用设计好的有限脉冲响应数字滤波器对异常场进行滤波，即进行滤波处理。

### 6.6.3 执行时间分析

MATLAB 内置了 tic、toc 两个时间函数：tic 函数表示计时开始的函数，调用 tic 函数以后再调用 toc 函数，这时 toc 函数返回的值就是从 tic 函数调用开始到目前的时间。

为了分段对执行时间进行分析，可以使用如下程序。

```
tic
......
time0=toc
......
time1=toc -time0
......
time2=toc -time1
......
```

分段后可以得到每一部分执行所需要的时间，从而对电磁偏移程序执行时间进行分析。

进入程序后调用 tic 函数，分别在进入主体循环、进入嵌套循环、嵌套循环结束、函数执行结束时调用 toc 函数，设置时间断点，这样可以得到每一部分执行所需的时间。

为了方便讨论，通过相关的设置，偏移函数及函数中的主体循环都只执行一次。这样做足以得出执行时间开销在各段的分布，如表 6.4 所示。

表 6.4　串行电磁偏移处理程序各部分执行时间统计表

| 程序内容分段 | 时间开销/s | 饼状图中的标号 |
| --- | --- | --- |
| 嵌套循环 | 12.14 | 1 |
| 主体循环除去嵌套循环的其他程序段 | 0.40 | 2 |
| 程序除去主体循环的其他程序段 | 0.10 | 3 |
| 函数整体 | 12.64 | |

用时间分析得出的数据作饼状图（图 6.3），可以看出：程序主要的时间开销在内部嵌套循环中，嵌套循环虽然简单，但是任务的计算量较大。而处理这个循环能通过使用 Parfor 循环进行并行处理。

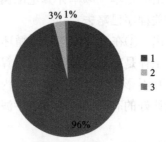

图 6.3　串行电磁偏移程序各部分执行时间饼状图

## 6.6.4　并行化处理

将并行化的部分锁定在嵌套循环上，即 for 循环，程序如下。

```
for ix=1:Nxx
    for iy=1:Nyy
        f_tnl_anm=f_ext_anm(iy:iy+100, ix:ix+100);
        f_xyzp_anm(iy,ix)=sum(sum(Ct_nl.* f_tnl_anm));
    end
 end
```

对上述程序中第一个 for 循环使用 Parfor 循环体结构进行并行化处理。Parfor 循环体内部的所有变量将归纳划分为 6 种变量中的一种：ix 为循环变量、iy 为临时变量、f_tnl_anm 为简约变量、f_ext_anm 为具有输入属性的分段变量、f_xyzp_anm 为具有输出属性的分段变量、Ct_nl 为广播变量。

根据上述变量分析，所有 Parfor 循环体内部的变量都可以根据其属性和使用的形式归为 6 种变量中的一种，并且不违反 Parfor 循环体结构的句法、确定性及运行时的规则。这样的并行化处理不会引起 MATLAB 内部的不当处理，即这样的并行化是可行的。

## 6.6.5　MATLAB 并行集群环境创建与使用

通过运用相关的技术手段，对 MATLAB 代码进行较少的修改就可以得到 MATLAB 并行执行代码。但是并行化以后的代码需要在一定的并行环境中才能调试、运行。本小节介绍 MATLAB 并行集群环境创建与使用。

### 1. 硬件准备与软件安装与配置

硬件需求：已经组建局域网的 PC 机群（操作系统版本一致）。

本次环境配置的试验用到的计算机是 12 台戴尔 Opti Plex Mini tower 电脑，主要配置如下。

处理器：英特尔酷睿 2，双核，E8400，3.00 GHz。

内存：2 G（DDR2 800 MHz）。

硬盘：160 G 7 200 rad/min，WD。

操作系统：Windows XP 32 位，SP2。

所需的主要软件：MATLAB 2012a 安装软件及相关许可证文件和许可证号。

### 2. 并行环境创建

在分布式计算集群情况下，并行运算代码共享式多核单机，需要设置的 MATLAB

运行环境如下。

（1）开启 mdce 服务：参与分布式运算集群里的所有计算机都必须开启 mdce 服务。首先在 MATLAB 主界面"Current Folder"里选择进入路径：MATLAB 根目录\toolbox\distcomp\bin。然后在"Command Window"里输入命令：!mdce install。装载完成后再输入命令：!mdce start。

（2）创建、配置 job manager：首先在计算机本地路径 MATLAB 根目录\toolbox\distcomp\bin 里打开"admincenter"文件。然后在"Hosts"栏点击"Add or Find"添加主机，既可通过主机名来添加主机，也可通过 IP 地址来添加主机。在"job manager"栏点击"Start"创建 job manager，需要为此 job manager 命名，并确定此 job manager 的 Host（实验室通常以 T410 作为中心主机）。在"Workers"栏点击"Start"创建工作机，选择提供 worker 的计算机，确定 worker 所服务的 job manager，并选定每台计算机提供的工作机的数量。

（3）选择所需的 job manager：首先在 MATLAB 主界面的任务栏选 Parallel\Manager Configurations。在弹出的 Configuration Manager 对话框的任务栏选择 File\New\job manager。在 Configuration name 栏为这个 configuration 设置一个名字，这个名字不一定与 job manager 的名字相同，但最好明确它们的对应关系。在 Scheduler 选项卡中填入 job manager 中心主机名和相应的 job manager 名。在 Jobs 选项卡中设置允许运行该任务的最大和最小工作机数量。在 Configuration Manager 对话框里选择需要的 job manager，可以点"Start Validation"按钮进行测试。

（4）打开 matlabpool：在 MATLAB 主界面的 Command Window 里键入命令 matlabpool，即打开上一步选择的相应 job manager。

（5）运行程序。

（6）关闭 matlabpool。

# 参 考 文 献

陈国良, 孙广中, 徐云, 等, 2008. 并行算法研究方法学. 计算机学报, 31(9): 1493-1502.

都志辉, 2001. 高性能计算并行编程技术: MPI 并行程序设计. 北京: 清华大学出版社.

罗忠文, 吴亮, 陈占龙, 2015. 并行计算实践教程. 武汉: 中国地质大学出版社.

孙世新, 2005. 并行算法及其应用. 北京: 机械工业出版社.

姚尚锋, 刘长江, 唐正华, 等, 2016. MATLAB 并行计算解决方案. 计算机时代(9): 73-75.

余莲, 2009. MATLAB 并行计算: 让高性能计算资源的利用更加高效. 电子技术应用, 35(1): 4.

FLYNN M J, 1966. A prospectus on integrated electronics and computer architecture//Joint Computer Conference. ACM: 97-103.

# 第 7 章

# 数值模拟试验

地球物理正反演是地球物理勘探数据解释过程中十分重要的技术。正演是通过人为设计并给定的初始地质模型及其边界条件求取所对应的理论场值，即由源求场；反演则是与之相反的过程，由野外观测的各种值反向推导出所对应的地质模型，即由场求源。

本章将建立典型的地电模型来试验和检验电磁偏移的解释效果。

# 7.1 简单二维地电模型偏移成像

偏移成像技术可以给出足够准确的地下勘探体位置，经数值试验证实电磁偏移成像是一种可靠、稳定的电磁资料解释技术。

根据成像处理流程，对全空间各种低阻和高阻二维地电模型进行偏移成像处理，收发距从 0 开始直至上千千米，工作频率范围为 0.1~1 000 Hz，地电模型和成像结果如图 7.1 和图 7.2 所示。

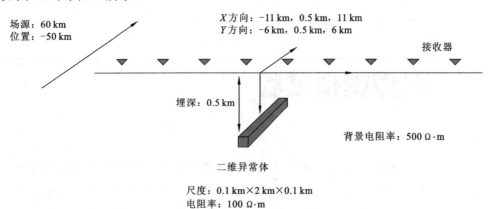

工作频段：0.1~1 000 Hz
工作频点：0.1, 0.177 8, 0.316 2, 0.562 3, 1.0, 1.778 3, 3.162 3, 5.623 4, 10.0, 17.783, 31.623, 56.234, 100, 177.8, 316.2, 562.3, 1 000

图 7.1　二维高阻围岩模型 1

图 7.2 所示为简单的低阻围岩高阻异常体模型单频偏移成像结果，按照各个频率不同的趋肤深度和偏移深度，权衡选择偏移频率。此处选择的频点分别为 $f=100$ Hz 和 $f=177.8$ Hz。对比模型和二维偏移成像结果发现，偏移成像结果能够大致显示出异常体的埋深与水平中心位置。

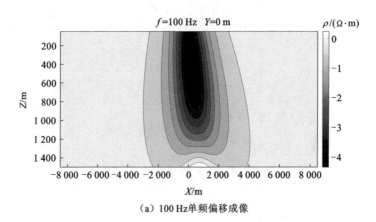

（a）100 Hz单频偏移成像

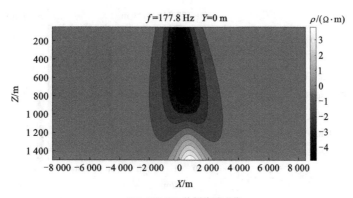

（b）177.8 Hz单频偏移成像

图 7.2　二维低阻围岩模型 1 偏移成像结果

　　使用同样的二维低阻围岩模型，改变源的距离，对图 7.3 中的模型同样进行正演及偏移。图 7.4 所示为简单的低阻围岩高阻异常体模型单频偏移成像和双频偏移成像结果，频点分别为 $f=100$ Hz 和 $f=100\sim177.8$ Hz，保持模型参数不变的同时增大源的位置至 100 km 处。对比模型和二维偏移成像结果发现，单频偏移成像结果与双频偏移成像结果接近，均能显示出异常体的大致位置。

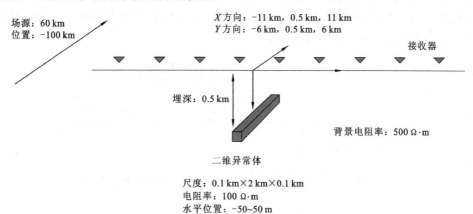

图 7.3　二维低阻围岩模型 2

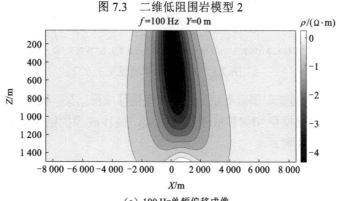

（a）100 Hz单频偏移成像

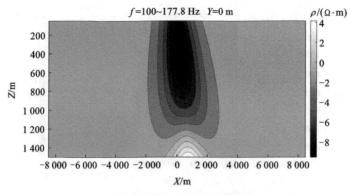

（b）100~177.8 Hz双频偏移成像

图 7.4　二维低阻围岩模型 2 偏移成像结果

# 7.2　简单三维地电模型偏移成像

根据简单二维地电模型偏移成像处理流程，对全空间各种低阻模型和高阻地电模型进行偏移成像处理，收发距从 0 开始直至上千千米，工作频率范围为 0.01～10 Hz，地电模型和得到的结果如图 7.5 和图 7.6 所示。

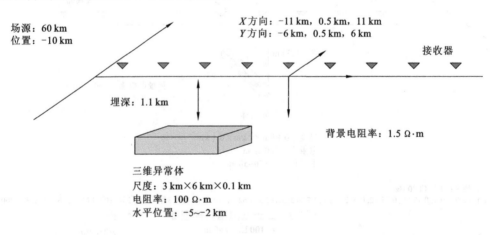

图 7.5　三维低阻围岩模型 1

图 7.6 所示为简单的低阻围岩高阻异常体模型偏移成像结果，频点分别为 $f$=1.778 3 Hz 和 $f$=3.162 3 Hz。对比模型和偏移成像结果发现，偏移成像的结果能够大致显示出异常体的埋深和水平中心位置。

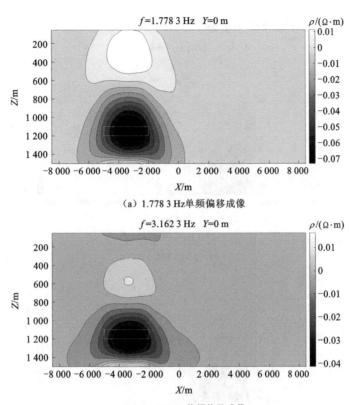

(a) 1.778 3 Hz单频偏移成像

(b) 3.162 3 Hz单频偏移成像

图 7.6　三维低阻围岩模型 1 偏移成像结果

再对同样的三维板状体进行偏移成像,工作频率为 0.01~10 Hz,板状体埋深为 1.1 km,水平位置在-5~-2 km,板状体相对围岩为高阻异常,三维低阻围岩模型示意图如图 7.7 所示。

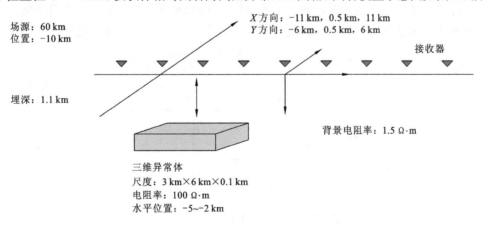

工作频段: 0.01~10 Hz
工作频点: 0.01, 0.017 7, 0.031 6, 0.056 2, 0.1, 0.177 8, 0.316 2, 0.563 2, 1.0, 1.778 3, 3.162 3, 5.623 4, 10

图 7.7　三维低阻围岩模型 2

图 7.8 所示为简单的低阻围岩高阻异常体模型单频成像偏移和三频偏移成像结果,频点分别为 $f$=1 Hz 和 $f$=1~3.162 3 Hz,对比模型和偏移成像结果发现,三个频率同时

偏移成像比单个频率偏移成像效果更好。

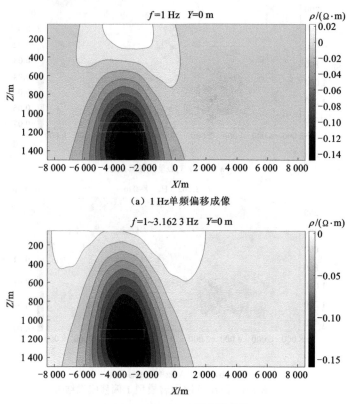

（a）1 Hz单频偏移成像

（b）1~3.162 3 Hz三频偏移成像

图 7.8　三维低阻围岩模型 2 偏移成像结果

保持模型参数不变的同时，增大源的位置至 100 km 处，图 7.9 所示为简单低阻围岩高阻异常体的示意图，针对这个模型进行正演及偏移，研究偏移成像效果。

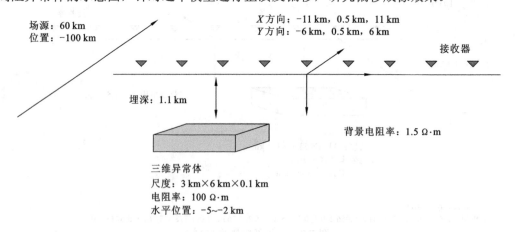

图 7.9　三维低阻围岩模型 3

图 7.10 所示为简单的低阻围岩高阻异常体模型双频偏移成像和五频偏移成像结果，频点分别为 $f$=0.1 Hz 和 $f$=1 Hz。对比模型和偏移成像结果发现，五频偏移成像比双频偏移成像效果稍好，能够显示出异常体的大致位置。同一深度异常体多频偏移成像结果比单频偏移成像结果好，不同偏移频率能够反映不同深度的异常体好坏程度。为了反映可靠的异常，频域偏移需要使用对应的成像条件，对任意一个深度点的电磁偏移场应使用其对频率的积分来替代，称为零时刻的时域电磁偏移场。

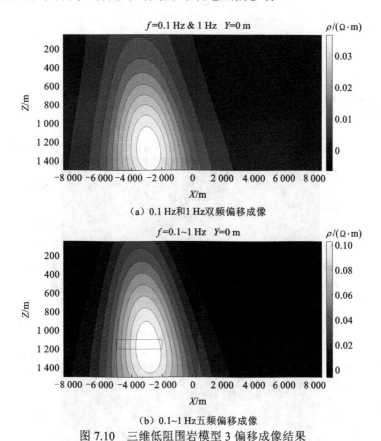

（a）0.1 Hz和1 Hz双频偏移成像

（b）0.1~1 Hz五频偏移成像

图 7.10 三维低阻围岩模型 3 偏移成像结果

保持与图 7.9 模型参数不变的同时，继续增大源的位置至 300 km 处，图 7.11 所示为简单低阻围岩高阻异常体的示意图，针对这个模型进行正演及偏移，研究偏移成像效果。

图 7.12 所示为简单的低阻围岩高阻异常体模型四频偏移成像和双频偏移成像结果，频点分别为 $f$=0.177 8~1 Hz 和 $f$=0.316 2~0.562 3 Hz。对比模型和偏移成像结果发现，四频偏移成像与双频偏移成像效果较为接近，都能精确显示出异常体的埋深和大致水平中心位置。

如图 7.13 所示，对源在（60 km，−100 km）、埋深 1.1 km 的高阻板状体进行偏移成像研究，其中工作频率为 0.1~1 000 Hz。

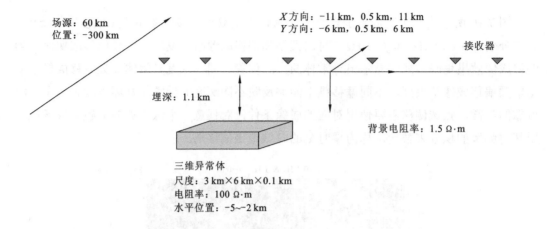

场源：60 km
位置：–300 km

X方向：–11 km，0.5 km，11 km
Y方向：–6 km，0.5 km，6 km

接收器

埋深：1.1 km

背景电阻率：1.5 Ω·m

三维异常体
尺度：3 km×6 km×0.1 km
电阻率：100 Ω·m
水平位置：–5~–2 km

工作频段：0.01~10 Hz
工作频点：0.01，0.017 7，0.031 6，0.056 2，0.1，0.177 8，0.316 2，0.562 3，1.0，1.778 3，3.162 3，5.623 4，10

图 7.11　三维低阻围岩模型 4

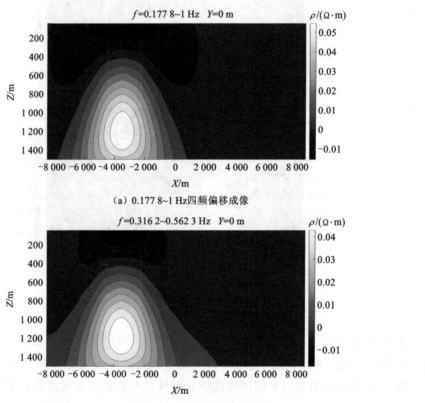

（a）0.177 8~1 Hz四频偏移成像

（b）0.316 2~0.562 3 Hz双频偏移成像

图 7.12　三维低阻围岩模型 4 偏移成像结果

　　图 7.14 所示为简单的低阻围岩高阻异常体模型单频偏移和双频偏移结果，频点分别为 $f$=3.162 3 Hz 和 f=3.162 3~5.623 4 Hz，保持模型其他参数不变的同时继续增大异常体的电阻率为 500 Ω。对比模型和偏移成像结果发现，双频偏移成像比单频偏移成像效果更优。

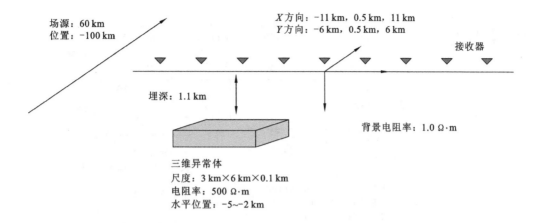

工作频段：0.1~1 000 Hz
工作频点：0.1, 0.177 8, 0.316 2, 0.562 3, 1.0, 1.778 3, 3.162 3, 5.623 4, 10.0, 17.782 8, 31.622 8, 56.234 1, 100.000 0, 177.8, 316.2, 562.3, 1 000

图 7.13　三维低阻围岩模型 5

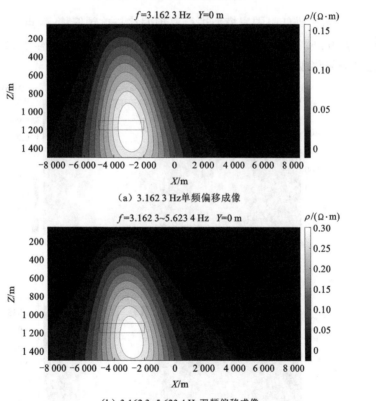

（a）3.162 3 Hz单频偏移成像

（b）3.162 3~5.623 4 Hz双频偏移成像
图 7.14　三维低阻围岩模型 5 偏移成像结果

　　在进行了单目标体的偏移成像之后，为了进一步验证偏移的可靠性，需要对更加复杂的地质模型进行成像。如图 7.15 所示，在均匀半空间的背景地下分别存在两个高阻异常体，埋深分别为 1.1 km 和 0.9 km，场源的位置为（60 km，-10 km），工作频率为 0.01～10 Hz。

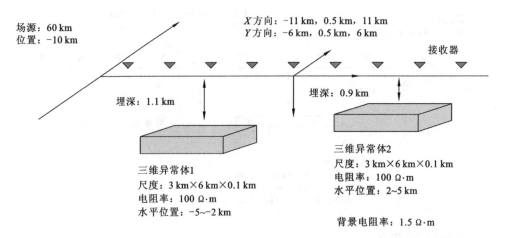

场源：60 km
位置：−10 km

$X$方向：−11 km, 0.5 km, 11 km
$Y$方向：−6 km, 0.5 km, 6 km

接收器

埋深：1.1 km

埋深：0.9 km

三维异常体2
尺度：3 km×6 km×0.1 km
电阻率：100 Ω·m
水平位置：2~5 km

三维异常体1
尺度：3 km×6 km×0.1 km
电阻率：100 Ω·m
水平位置：−5~−2 km

背景电阻率：1.5 Ω·m

工作频段：0.01~10 Hz
工作频点：0.01, 0.017 7, 0.031 6, 0.056 2, 0.1, 0.177 8, 0.316 2, 0.562 3, 1.0, 1.778 3, 3.162 3, 5.623 4, 10

图 7.15　三维低阻围岩模型 6

对图 7.15 所示三维低阻围岩模型进行双频偏移与单频偏移，频点分别为 $f=0.3162\sim$ 0.562 3 Hz 和 $f=0.5623$ Hz，结果如图 7.16 所示。对比模型和偏移成像结果发现，双频偏移成像比单频偏移成像效果更精确。

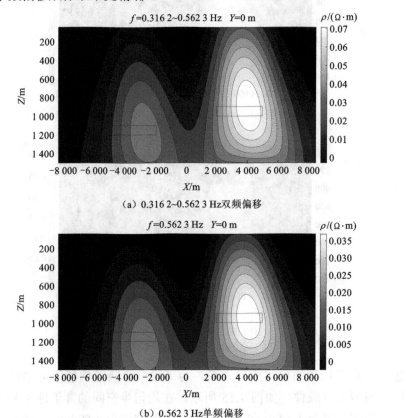

（a）0.316 2~0.562 3 Hz双频偏移

（b）0.562 3 Hz单频偏移

图 7.16　三维低阻围岩模型 6 偏移成像结果

　　设置简单的低阻围岩高阻异常体模型，其中异常体由两个相互独立的小型高阻三维异常体组成，埋深分别为 0.6 km 和 0.4 km，如图 7.17 所示。对上述模型进行双频偏移成像，频点分别为 $f=1\sim1.7783$ Hz 和 $f=0.5623\sim1$ Hz，源的位置为-50 km 处，三维偏移成像的结果如图 7.18 所示。对比模型和偏移成像结果发现，偏移成像能明确显示两个异常体相互独立的状态，并且能显示出两个小异常体的埋深和大致水平中心位置。

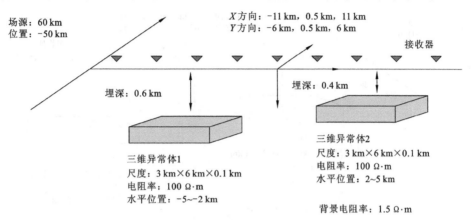

图 7.17　三维低阻围岩模型 7

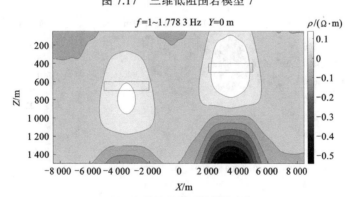

（a）1.0~1.778 3 Hz双频偏移成像

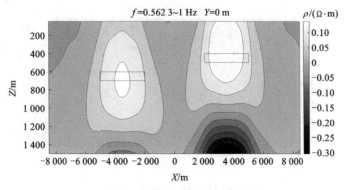

（b）0.562 3~1.0 Hz双频偏移成像

图 7.18　三维低阻围岩模型 7 偏移成像结果

设置简单的低阻围岩高阻异常体模型，其中异常体由两个相互独立的小型高阻三维异常体组成，埋深分别为 0.9 km 和 1.1 km，三维低阻围岩模型示意图如图 7.19 所示。对模型进行双频偏移成像，频点分别为 $f=0.562\,3\sim1$ Hz 和 $f=1\sim1.778\,3$ Hz，源的位置为 $-300$ km 处，结果如图 7.20 所示。对比模型和偏移成像结果发现，偏移成像能够明确显示两个异常体相互独立的状态。

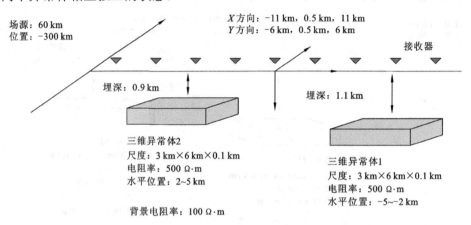

图 7.19　三维低阻围岩模型 8

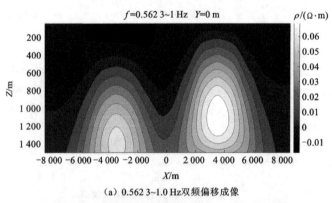

（a）0.562 3~1.0 Hz双频偏移成像

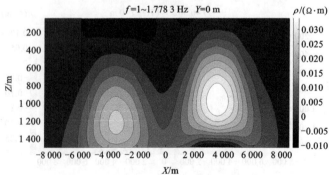

（b）1.0~1.778 3 Hz双频偏移成像

图 7.20　三维低阻围岩模型 8 偏移成像结果

设置简单的高阻围岩低阻异常体模型，其中异常体由两个相互独立的小型低阻三维异常体组成，埋深分别为 0.6 km 和 0.4 km，三维高阻围岩模型示意图如图 7.21 所示。对上述模型进行单频偏移成像和双频偏移成像，频点分别为 $f = 100$ Hz 和 $f = 100 \sim 177.8$ Hz，源的位置为–50 km 处，偏移成像结果如图 7.22 所示。对比模型和偏移成像结果发现，偏移成像能够明确显示两个异常体相互独立的状态。

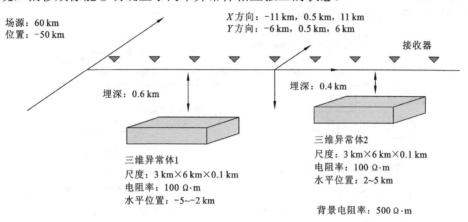

工作频段：0.1~1 000 Hz
工作频点：0.1, 0.177 8, 0.316 2, 0.562 3, 1.0, 1.778 3, 3.162 3, 5.623 4, 10.0, 17.782 8, 31.622 8, 56.234 1, 100.000 0, 177.8, 316.2, 562.3, 1 000

图 7.21　三维高阻围岩模型

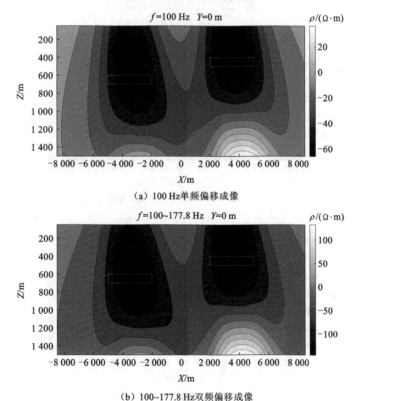

（a）100 Hz单频偏移成像

（b）100~177.8 Hz双频偏移成像

图 7.22　三维高阻围岩模型偏移成像结果

设置简单的低阻围岩高阻异常体模型，异常体由两个相互独立的小型低阻三维异常体组成，埋深分别为 0.9 km 和 1.1 km，三维低阻围岩模型示意图如图 7.23 所示。对上述模型进行双频偏移成像和三频偏移成像，频点分别为 $f=100\sim316.2$ Hz 和 $f=100\sim177.8$ Hz，源的位置为接收点的中心处，三维偏移成像结果如图 7.24 所示。对比模型和偏移成像结果发现，偏移成像能够明确显示两个异常体相互独立的状态，并且能够大致反映出两个小异常体的埋深和水平中心位置。

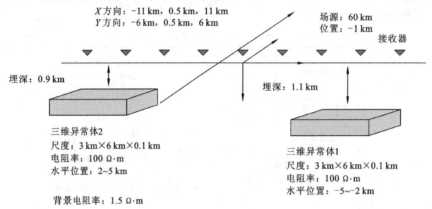

工作频段：0.1~1 000 Hz
工作频点：0.1, 0.177 8, 0.316 2, 0.562 3, 1.0, 1.778 3, 3.162 3, 5.623 4, 10.0, 17.782 8, 31.622 8, 56.234 1, 100.000 0, 177.8, 316.2, 562.3, 1 000

图 7.23　三维低阻围岩模型 9

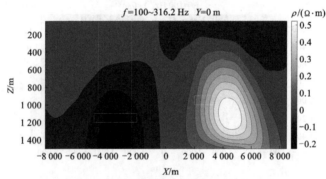

（a）100~316.2 Hz双频偏移成像

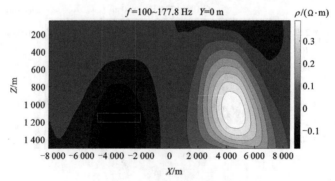

（b）100~177.8 Hz三频偏移成像
图 7.24　三维低阻围岩模型 9 偏移成像结果

在考虑大气电离层的情况下，设置电离层低阻围岩模型，如图 7.25 所示。异常体埋深为 1.1 km，电离层电阻率为 $10^4\ \Omega\cdot m$，厚度为 80 km，空气层电阻率为 $10^{14}\ \Omega\cdot m$，厚度为 50 km，源的位置在-500 km 处。对模型进行单频偏移成像，频点分别为 $f=0.316\,2$ Hz 和 $f=0.562\,3$ Hz，三维偏移成像结果如图 7.26 所示。对比模型和偏移成像结果发现，偏移成像能够大致显示出异常体的埋深和水平中心位置。

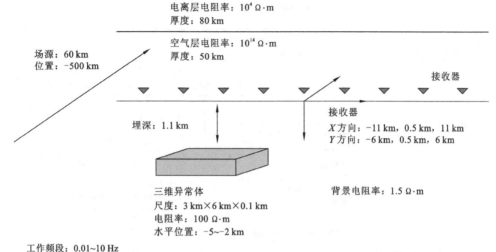

工作频段：0.01~10 Hz
工作频点：0.01, 0.017 7, 0.031 6, 0.056 2, 0.1, 0.177 8, 0.316 2, 0.563 2, 1.0, 1.778 3, 3.162 3, 5.623 4, 10

图 7.25　电离层低阻围岩模型

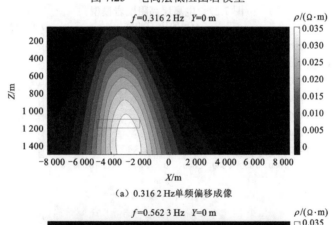

（a）0.316 2 Hz单频偏移成像

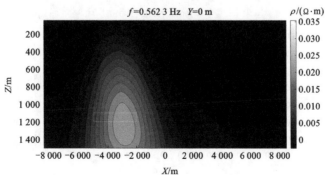

（b）0.562 3 Hz单频偏移成像

图 7.26　电离层低阻围岩模型三维偏移成像结果

设置电离层高阻围岩模型，异常体为两个相互独立的小异常体，埋深分别为 0.4 km 和 0.6 km，电离层电阻率为 $10^4$ Ω·m，厚度为 80 km，空气层电阻率为 $10^{14}$ Ω·m，厚度为 50 km，场源位置在-500 km 处，如图 7.27 所示。对模型进行单频偏移成像和双频偏移成像，频点分别为 $f$=100 Hz 和 $f$=100~177.8 Hz，三维偏移成像结果如图 7.28 所示。对比模型和偏移成像结果发现，偏移成像能大致显示出两个异常体呈相互独立的状态。

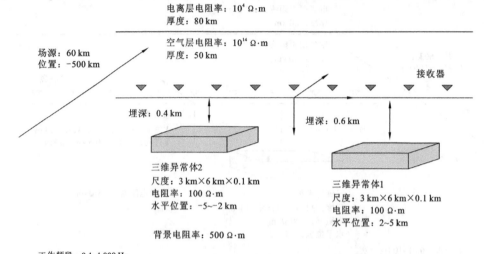

工作频段：0.1~1 000 Hz
工作频点：0.1, 0.177 8, 0.316 2, 0.562 3, 1.0, 1.778 3, 3.162 3, 5.623 4, 10.0, 17.782 8, 31.622 8, 56.234 1, 100.000 0, 177.8, 316.2, 562.3, 1 000

图 7.27　电离层高阻围岩模型

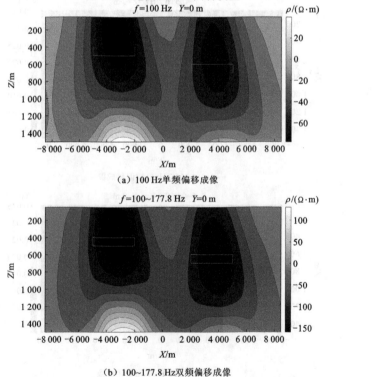

（a）100 Hz 单频偏移成像

（b）100~177.8 Hz 双频偏移成像

图 7.28　电离层高阻围岩模型三维偏移成像结果

## 7.3 复杂三维地电模型偏移成像

### 7.3.1 阶梯模型

设置高阻阶梯模型，异常体由 4 个相连成倾斜阶梯的小型高阻三维异常体组成，最浅埋深为 0.9 km，最深埋深为 1.2 km，如图 7.29 所示。对模型进行偏移成像，频点为 $f=5.623\,4$ Hz，源的位置在 −300 km 处，梯形高阻阶梯模型模拟数据偏移成像如图 7.30 所示。对比模型和偏移成像结果发现，偏移成像能大致显示出阶梯状异常体倾斜的角度，并且能大致反映出异常体的埋深和水平中心位置。

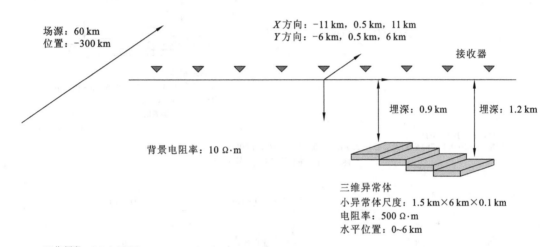

工作频段：0.1~1 000 Hz
工作频点：0.1, 0.177 8, 0.316 2, 0.562 3, 1.0, 1.778 3, 3.162 3, 5.623 4, 10.0

图 7.29　梯形高阻阶梯模型

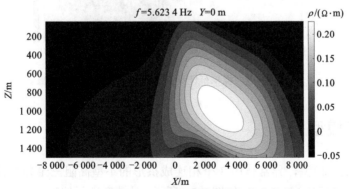

图 7.30　梯形高阻阶梯模型模拟数据偏移成像

电磁勘探偏移成像方法

设置低阻阶梯模型，异常体由 4 个相连成倾斜阶梯的小型高阻三维异常体组成，最浅埋深为 0.8 km，最深埋深为 1.1 km，如图 7.31 所示。对模型进行偏移成像，频点为 $f=316.2$ Hz，源的位置在 -300 km 处，梯形低阻阶梯模型模拟数据偏移成像如图 7.32 所示。对比模型和偏移成像结果发现，偏移成像能大致显示出阶梯状异常体的空间分布形态特征，并且能大致反映出异常体的空间位置。

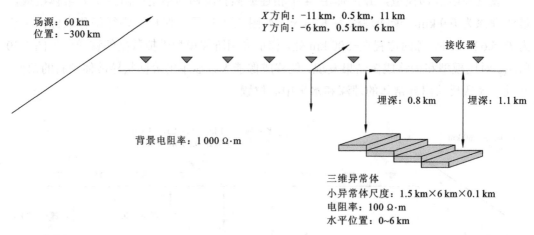

图 7.31　梯形低阻阶梯模型

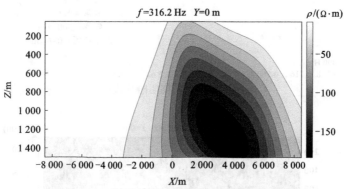

图 7.32　梯形低阻阶梯模型模拟数据偏移成像

## 7.3.2　拱形模型

设置高阻拱形模型，异常体由 3 个相连成拱形的小型高阻三维异常体组成，最浅埋深为 0.9 km，最深埋深为 1.0 km，如图 7.33 所示。对模型进行偏移，频点为 $f=5.6234$ Hz，源的位置在 -300 km 处，高阻拱形模型模拟数据偏移成像如图 7.34 所示。对比模型和偏移成像结果发现，偏移成像能大致显示出拱形异常体的空间分布特征形态和位置。

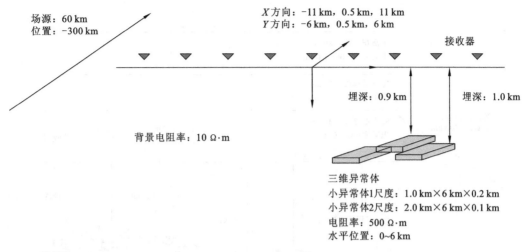

场源：60 km
位置：−300 km

$X$ 方向：−11 km，0.5 km，11 km
$Y$ 方向：−6 km，0.5 km，6 km

接收器

埋深：0.9 km　　埋深：1.0 km

背景电阻率：10 Ω·m

三维异常体
小异常体1尺度：1.0 km×6 km×0.2 km
小异常体2尺度：2.0 km×6 km×0.1 km
电阻率：500 Ω·m
水平位置：0~6 km

工作频段：0.1~1 000 Hz
工作频点：0.1，0.177 8，0.316 2，0.562 3，1.0，1.778 3，3.162 3，5.623 4，10.0

图 7.33　高阻拱形模型

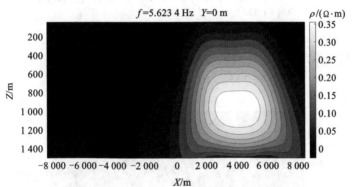

图 7.34　高阻拱形模型模拟数据偏移成像

设置海洋低阻围岩双拱形模型，异常体由两个相互独立的小拱形高阻三维异常体组成，如图 7.35 所示。对模型进行偏移成像，频点为 $f=1~3.162\,3$ Hz，源的位置为−500 km处，海洋低阻围岩双拱形模型模拟数据偏移成像如图 7.36 所示。对比模型和偏移成像结果，偏移成像能大致显示出两个相互独立的拱形异常体的形状，并且能大致反映出异常体的埋深和水平中心位置。

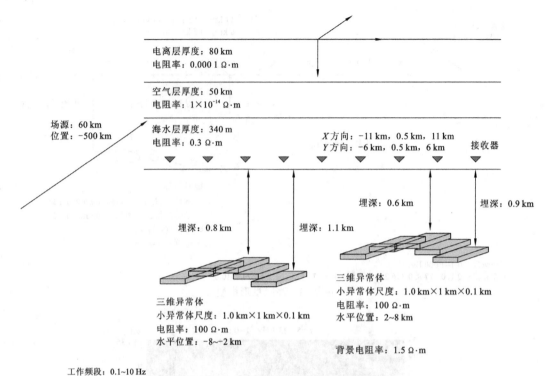

电离层厚度：80 km
电阻率：0.000 1 Ω·m

空气层厚度：50 km
电阻率：1×10⁻¹⁴ Ω·m

场源：60 km
位置：−500 km

海水层厚度：340 m
电阻率：0.3 Ω·m

X方向：−11 km，0.5 km，11 km
Y方向：−6 km，0.5 km，6 km

接收器

埋深：0.6 km

埋深：0.9 km

埋深：0.8 km

埋深：1.1 km

三维异常体
小异常体尺度：1.0 km×1 km×0.1 km
电阻率：100 Ω·m
水平位置：2~8 km

三维异常体
小异常体尺度：1.0 km×1 km×0.1 km
电阻率：100 Ω·m
水平位置：−8~−2 km

背景电阻率：1.5 Ω·m

工作频段：0.1~10 Hz
工作频点：0.1，0.177 8，0.316 2，0.562 3，1.0，1.778 3，3.162 3，5.623 4，10.0

图 7.35　海洋低阻围岩双拱形模型

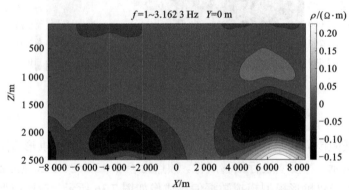

图 7.36　海洋低阻围岩双拱形模型模拟数据偏移成像

# 7.4　偏移效果分析

为了证明偏移程序和偏移结果的可靠性，使用相同的三维偏移模型进行偏移试验，并与前人的偏移结果进行比较。该模型为地下 250 m 埋深、边长为 1 km 的低电阻率正方体，异常体的电阻率为 0.5 Ω·m，并处于电阻率为 100 Ω·m 的均匀半空间，采集的数据为 10 Hz 的电场 $E_x$ 和 $E_y$ 分量。该模型为空间中一个边长 1 km 的正方体，平面中心点在（0 km，0 km），垂直坐标中心在 0.75 km 处，三维偏移模型如图 7.37 所示。

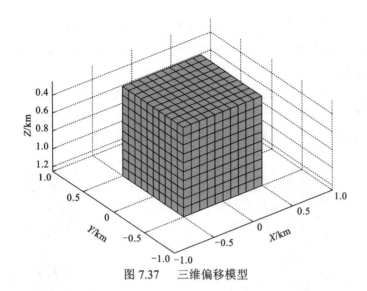

图 7.37　三维偏移模型

　　Mehanee 等（2002）使用频域有限差分方法对该模型进行迭代偏移，Mehanee 的剖面迭代偏移结果如图 7.38 所示。从图中可以看到，每一次迭代偏移都能较好地展现出电阻率异常体的中心位置，但是水平位置和垂直位置都有偏差，经过迭代后的偏移更加收敛，更接近真实模型的位置。

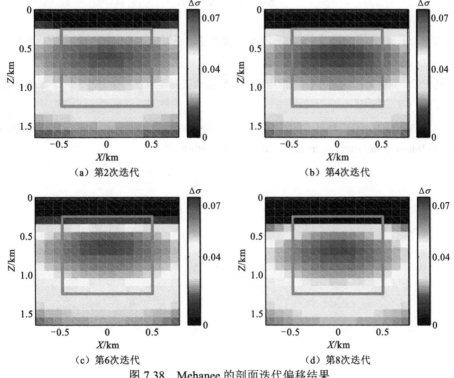

图 7.38　Mehanee 的剖面迭代偏移结果

Δσ为相对电导率异常值

从图 7.38 可以看出，经过迭代偏移，垂直异常区域的边界反映较好，但是迭代没有改变垂直方向的异常位置，经过迭代偏移，水平存在的异常边界反映有所改善，更加接近异常体的中心位置。

图 7.39 为按照本小节所述方法进行同一模型的偏移成像结果。如图 7.39 所示，按照本小节所述的偏移成像方法也能较为准确地反映异常体的异常中心，且在垂直和水平方向上的异常体边界反映结果较 Mehanee 的偏移结果更准确。

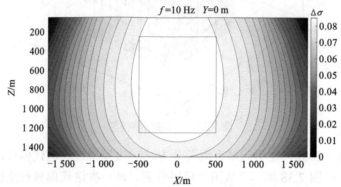

图 7.39　按照本小节所述方法进行同一模型的偏移成像结果

# 参 考 文 献

陈理, 秦其明, 王楠, 等, 2014. 大地电磁测深正演和反演研究综述. 北京大学学报(自然科学版)(5): 979-984.

王书明, 底青云, 苏晓璐, 等, 2017. 三维电磁偏移数值滤波器实现及参数分析. 地球物理学报, 60(2): 793-800.

MEHANEE S A, ZHDANOV M S, 2002. 3-D finite difference iterative migration of the electromagnetic field//SEG International Exposition and 72nd Annual Meeting.

# 第 $8$ 章

## 实测数据偏移成像

 本章对实际采集的数据进行偏移处理，并将偏移结果与通过其他方式得到的资料（地质模型和反演结果）进行对比。通过比较，验证偏移结果的可靠性并证明偏移成像的实际应用效果。

# 8.1 挪威海域实测数据偏移成像

2003 年 EMGS 和 Statoil 公司横穿挪威特罗尔西部天然气田（Troll west gas providence，TWGP）海域采集海洋可控源实测数据，在海底安装了 24 个接收器，测线沿着石油储藏区域布设。发射偶极子产生电磁信号，包含 4 个基本频率：0.25 Hz、0.75 Hz、1.25 Hz、1.75 Hz。图 8.1 所示为挪威 TWGP 海域沿测线地质模型，左侧为测井电阻率深度图，山丘状突起表示海底 1.4～1.5 km 处存在高阻石油储藏。该海域海洋层深度约为 300 m，海水电阻率约为 0.33 Ω·m，石油储藏电阻率为 30～500 Ω·m，海底沉积围岩电阻率为 1～2 Ω·m。利用偏移成像滤波器处理这条测线数据，成像结果如图 8.2 所示。由图可见，偏移成像稳定，结果与挪威 TWGP 海域地质测区模型基本一致。

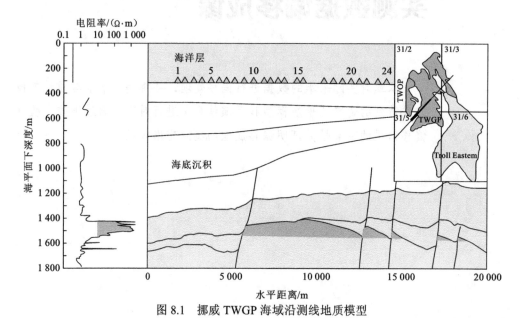

图 8.1  挪威 TWGP 海域沿测线地质模型

左边的曲线为测井数据，可以看出在 1.4～1.5 km 处有油气显示；右上角图为所在测区和测线的示意图

TWOP（Troll west oil province，特罗尔西部油田）；Troll Eastern：特罗尔东部

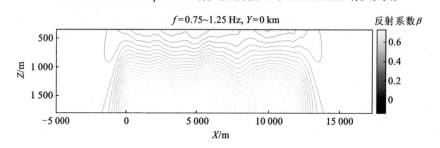

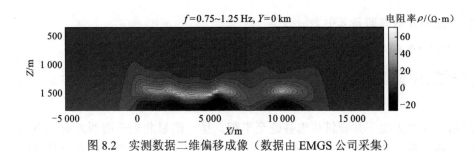

图 8.2　实测数据二维偏移成像（数据由 EMGS 公司采集）

图 8.3 所示为偏移结果与地质模型图的对比。偏移的数值反映的是电阻率的相对数值，并不等同于地下的真电阻率。通过二维偏移成像可以看出，在 1500 m 深度、水平位置 3 000～5 000 m 和 10 000 m 附近存在明显的高阻异常。将偏移结果与地质模型进行对比，发现经过偏移得到的异常体深度基本与地质模型吻合，但在水平区域的结果上还存在一定差异。

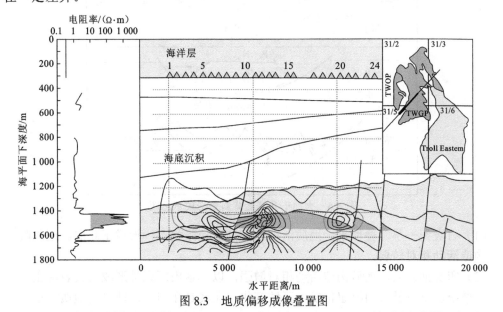

图 8.3　地质偏移成像叠置图

左边的曲线为测井数据，可以看出在 1.4～1.5 km 处有油气显示；右上角图为所在测区和测线的示意图

## 8.2　重庆测区实测数据偏移成像

### 8.2.1　测区地质特征

测区行政区域位于重庆市忠县、万州区和石柱县境内，地理区域位于扬子准地台重庆台坳重庆陷褶束万州凹褶束北部的大池干井背斜北中段。万州凹褶束由一系列北东—南西向平行展布的不对称褶皱组成，背斜狭窄成山，向斜开阔成谷，组成典型的"川"字形隔挡式褶皱。万州凹褶束隔挡式褶皱（图 8.4）自西向东依次分布三个背斜夹两个

向斜，大池干井背斜即是其中之一。

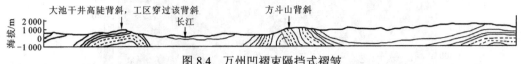

图 8.4　万州凹褶束隔挡式褶皱

川东地区的大池干井背斜从忠县延至丰都，呈一明显北东—南西方向展布的长条形高陡背斜构造带，长度约为 110 km，宽度约为 10 km。该构造带在横向上具分段性，在垂向上具分层性。强烈的地质活动导致地质构造复杂多变，在构造带发育较多的裂隙型张性断层，大池干井高陡背斜带的形成示意图如图 8.5 所示，大致可分为三个阶段。

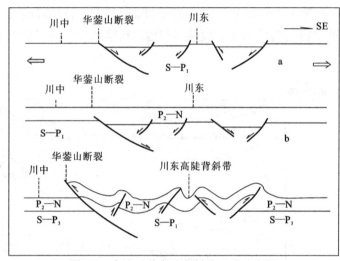

图 8.5　大池干井高陡背斜带形成示意图

（1）石炭纪—早二叠世末，地质活动地壳处于拉张状态，形成正断层。进入晚二叠世，构造活动相对较弱。

（2）印支期以后，地质构造活动相对增强，以华蓥山断裂带形成为代表，主要表现为中三叠统、下三叠统的枢纽带发生区域变化，尤其是在印支运动早期地质活动最为强烈。受当时断裂的影响，东侧抬升，中、下三叠统后期被大幅度剥蚀。

（3）在燕山期、喜马拉雅期，该区深部地幔内形成挤压带，形成了大池干井区域性大向斜，并使早期的张性断裂发生反转形成逆断层，同时形成高陡背斜带。由于构造反转幅度较大，较老地层出露地表。

## 8.2.2　测区地层特征

万州凹褶束区内出露地层由老至新为二叠系（P）、三叠系（T）、侏罗系（J）和第四系（Q），其中侏罗系分布最广（70%以上）。缺失新近系（N）、古近系（E）、白垩系（K）。

测区内北部地表主要出露侏罗系蓬莱镇组、沙溪庙组、自流井组和珍珠冲组砂岩、砂泥岩（在测区中部出露部分新田沟组（$J_2x$）石英砂岩，含少量大安寨灰岩），其中出露的地层岩性成分主要以砂岩为主。南部主要出露侏罗系须家河组石英砂岩、砂泥岩和大安寨段灰岩、三叠系嘉陵江组、雷口坡组灰岩。石炭系（C）、二叠系（P）及以下的地层全部隐伏于地下。图 8.6 所示为测区出露岩性。

图 8.6　测区出露岩性

大池干井背斜构造素来是川东地区的重点勘察地域。根据周边地区钻井提供的地层分层资料，结合忠县地质及测区地层出露情况，测区缺失白垩系。综合考虑忠县石宝寨地区地质构造演变史、岩性组合特点及地层之间大部分呈假整合接触的情况，测区地层及岩性如表 8.1 所示。

表 8.1　测区地层及岩性表

| 系 | 统 | 组（群） | 段 | 岩性描述 |
|---|---|---|---|---|
| 第四系 | | Qh | — | 残坡积 |
| | | Qp | — | 阶地砾石层，零星分布于长江两岸 30～50 m 阶地上 |
| 侏罗系 | 上侏罗统 | 蓬莱镇组（J₃p） | — | 灰、灰绿色中-厚层岩屑亚长石砂岩夹紫红色中厚层泥质粉砂岩及粉砂质泥岩，砂岩胶结物中普遍含钙，具交错层理 |
| | | 遂宁组（J₃s） | — | 紫红色薄-厚层细粒亚长石砂岩及岩屑长石石英砂岩，具交错层理，夹同色粉砂质泥岩，含钙质硅质结核 |
| | 中侏罗统 | 上沙溪庙组（J₂s） | 上 | 泥岩、粉砂质泥岩与厚层长石砂岩呈不等厚互层，夹岩屑亚长石砂岩，顶部砂岩胶结物中普遍含石膏 |
| | | | 下 | 紫红色泥岩砂质钙质泥岩夹岩屑亚长石砂岩及长石石英砂岩，砂岩常有尖灭、再现现象，沿岸普遍含钙质硅质结核 |
| | | 下沙溪庙组（J₂xs） | — | 紫红色泥岩、粉砂质泥岩及灰绿色厚层岩屑亚长石砂岩、长石石英砂岩，上部以砂岩为主，下部以泥岩为主，砂岩的胶结物含石膏，泥岩中普遍含钙硅质结核，局部砂岩中含石英岩砾石，顶部为灰岩含叶肢介页岩 |
| | | 新田沟组（J₂x） | 上 | 长石岩屑石英砂岩夹页岩、泥岩及介壳砂岩 |
| | | | 下 | 灰色中-厚层岩屑石英砂岩夹页岩及泥岩 |
| | 下侏罗统 | 自流井组（J₁₋₂z） | — | 上部深灰色页岩夹薄-中厚层灰岩，含介壳丰富；中部为泥质粉砂岩、黏土岩；下部为灰色薄-中厚层石英粉砂岩、页岩夹灰岩，含介壳丰富 |
| | | 珍珠冲组（J₁z） | — | 灰色薄-中厚层亚岩屑石英砂岩夹泥岩，砂质页岩及薄煤层，由北向南砂岩减少，泥岩页岩逐渐增多 |

| 系 | 统 | 组（群） | 段 | 岩性描述 |
|---|---|---|---|---|
| 三叠系 | 上三叠统 | 须家河组（$T_3xj$） | 上 | 灰色厚层岩屑砂岩，中部夹页岩，上部含砾石 |
| | | | 下 | 灰色厚层长石亚岩屑砂岩夹页岩及菱铁矿结核，局部地段底部为页岩夹薄煤层，由南向北长石含量显著增多 |
| | 中三叠统 | 巴东组/雷口组（$T_2b$） | 三段 $T_2b_3$ | 灰色薄-中厚层泥质灰岩夹黄灰色页岩 |
| | | | 二段 $T_2b_2$ | 上部为紫红色页岩夹中厚层粉砂岩及中层泥质灰岩底部产石膏；下部为灰、黄灰色页岩、粉砂质页岩，夹薄层泥灰岩 |
| | | | 一段 $T_2b_1$ | 灰色薄-中厚层泥质灰岩，夹泥质白云质灰岩及页岩 |
| | 下三叠统 | 嘉陵江组（$T_1j$） | 四段 $T_1j_4$ | 灰、浅灰色厚层含白云质灰岩、灰质白云岩夹白云岩及角砾状白云质灰岩 |
| | | | 三段 $T_1j_3$ | 灰色厚层夹中-厚层微粒灰岩夹生物碎屑灰岩及角砾状灰岩，上部以含泥质白云质灰岩为主，具缝合线构造 |
| | | | 二段 $T_1j_2$ | 灰、浅灰色中-厚层夹薄层含泥质白云质灰岩，夹角砾状灰岩及白云岩，局部地段夹紫红色薄层含泥质白云岩 |
| | | | 一段 $T_1j_1$ | 黄灰色页岩、钙质页岩夹薄层泥质灰岩 |
| | | 大冶组（$T_1d$） | 四段 $T_1d_4$ | 斗方山背斜普遍为紫红色白云质钙质页岩及中厚层白云质灰岩。七跃山背斜南段为紫红色薄层泥质白云质灰岩、页片状白云岩；北段为乳白色厚层灰岩及鲕状灰岩 |
| | | | 三段 $T_1d_3$ | 灰、浅灰色厚层微粒灰岩夹白云质灰岩，中、上部一般夹假鲕状灰岩，具缝合线构造 |
| | | | 二段 $T_1d_2$ | 灰、浅灰色薄-中厚层微晶质灰岩，含泥质灰岩，具缝合线构造，下部偶夹页岩 |
| | | | 一段 $T_1d_1$ | 黄灰色页岩、钙质页岩夹薄层泥质灰岩 |
| 二叠系 | 上二叠统 | 大隆组—长兴组 | $P_2d$-$P_2c$ | 灰、浅灰色厚层隐晶质灰岩、生物碎屑灰岩，含条带状或团块状燧石，自西向东厚度变薄。七段山北段上部黑色碳质页岩夹透镜状白云质灰岩 |
| | | 吴家坪组 | $P_2w$ | 中、上部为深灰色薄-中厚层硅质灰岩与似层状燧石层呈不等厚互层，以灰岩为主；下部为铝土质页岩、碳质页岩夹煤层及中厚层燧石层 |
| | 下二叠统 | 茅口组 | $P_1m$ | 灰-深灰色中-厚层隐晶质灰岩，含白云质灰岩及生物碎屑灰岩，大部分燧石呈团块或条带状。七跃山北段同为灰-深灰色中-厚层隐晶质灰岩，顶部为薄层黑色有机质硅质灰岩 |
| | | 栖霞组 | $P_1q$ | 灰-深灰色中-厚层隐晶质灰岩，泥质生物碎屑灰岩，夹黑色硅化灰岩团块及条带，底部为有机钙质页岩夹生物碎屑灰岩透镜体或条带 |
| | | 梁山组 | $P_1l$ | 上部为灰黑色薄层绿泥石胶结的细粒石英粉砂岩，含黄铁矿；下部灰、灰绿色含铝土质页岩、铝土矿 |
| 石炭系 | 中石炭统 | 黄龙组 | $C_2h$ | 灰、深灰色中-厚层微晶质白云岩、粗晶灰岩，前者含砂泥质及钙质，局部夹粗晶灰岩团块，具角砾构造 |

续表

| 系 | 统 | 组（群） | 段 | 岩性描述 |
|---|---|---|---|---|
| 泥盆系 | 上泥盆统 | | $D_3$ | 上部为灰绿色页岩夹泥质粉砂岩；下部灰、灰白色厚层石英粉砂岩残存不全 |
| 志留系 | 中志留统 | 罗惹坪群 | 三段 $S_2lr_3$ | 上部为黄绿色页岩，中部浅灰绿色、薄-中层石英粉砂岩、砂质页岩，夹生物碎屑灰岩透镜体；下部黄绿色页岩夹石英粉砂岩及透镜状生物碎屑灰岩 |
| | | | 二段 $S_2lr_2$ | 浅灰色薄层泥质石英粉砂岩、石英粉砂质页岩；粉砂岩具斜层理及波痕构造，顶部夹浅灰色薄层钙质石英粉砂岩及透镜状重结晶生物灰岩 |
| | | | 一段 $S_2lr_1$ | 灰绿、黄绿色页岩夹薄层白云岩、泥质粉砂岩。底部为灰色薄层泥质石英粉砂岩、细粒石英砂岩，波痕构造发育；中、上部局部含介壳灰岩透镜体 |
| | 下志留统 | 龙马溪群 | 二段 $S_1lm_2$ | 灰、灰绿色含石英粉砂质页岩夹少量泥质粉砂岩，后者具波痕构造。顶部为薄层泥质粉砂岩，微细层理发育 |
| | | | 一段 $S_1lm_1$ | 灰、灰绿色页岩夹中-厚层石英粉砂岩，下部（100 m）为黑色碳质石英粉砂质页岩夹薄层泥质粉砂岩，微细层理构造 |
| 奥陶系 | 上奥陶统 | 五峰组 | $O_3w$ | 黑色页岩、硅质页岩，顶部为中厚层泥质白云岩或粉砂岩 |
| | | 临湘组 | $O_3l$ | 灰-深灰色中-厚层瘤状泥质灰岩顶部夹页岩 |
| | 中奥陶统 | 宝塔组 | $O_2b$ | 灰-深灰色中-厚层隐晶质含生物碎屑灰岩，具干裂纹构造 |
| | | 十字铺组 | $O_2s$ | 上部含泥质灰岩，具瘤状构造；中、下部为灰色中-厚层隐晶质含硅质灰岩 |
| | 下奥陶统 | 大湾组 | $O_1d$ | 灰、灰绿色页岩、粉砂质页岩；中部及下部夹生物碎屑灰岩 |
| | | 红花园组 | $O_1h$ | 灰色中-厚层隐晶质白云石化灰岩、生物碎屑灰岩，夹假鲕状灰岩、鲕状灰岩，含磁石结核或条带并普遍弱硅化 |
| | | 分乡组 | $O_1f$ | 上部为灰色页岩、薄-中厚层重结晶生物碎屑灰岩，下部为生物碎屑灰岩及假鲕状灰岩、页岩 |
| | | 南津关组 | $O_1n$ | 上部为厚层微晶白云岩，中部为灰-深灰色厚层假鲕状白云质灰岩、鲕状灰岩下部灰色页岩夹生物碎屑灰岩 |
| 寒武系 | 上寒武统 | 毛田组 | $\epsilon_3m$ | 灰色中-厚层白云质灰岩夹假鲕状灰岩，上部偶见磁石结核 |

## 8.2.3　测区地球物理特征

物性参数研究主要包含地层电性特征和岩石电性特征，电（磁）法勘探主要是对研究区地层电阻率及岩性电阻率的变化规律进行总结分析，为后期划分物探成果反演断面图电性结构特征做好铺垫。开展电（磁）法勘探的前提是围岩与目标体之间存在电阻率差异，因此，广域电磁法解译工作的首要任务是了解地层电阻率及岩性电阻率参数。

通过常规的电（磁）法获得岩性电阻率和地层的电阻率参数途径主要有：①对地表出露岩石进行小四极测试，主要得到岩性电阻率参数变化；②在室内对岩石标本用电阻率测试仪测量岩石电阻率值，该方式可获得岩性电阻率值，但由于岩石的含水性、孔隙度、温度和压力等变化很大，测出的电阻率值与岩石真实电阻率相差较大，只能作为参考信息；③对电磁法频率–视电阻率测深曲线首支进行统计，由于趋肤效应高频段主要集中在地层浅部，能够真实反映浅部地层电阻率参数；④通过电阻率测井获得浅、深部电阻率信息，主要反映地层电阻率信息，是进行物探资料解译不可缺少的重要数据。其中野外露头小四极测量和室内电阻率测试仪主要测量岩性电阻率信息，对曲线首支统计是野外分析地层浅部电性特征常用的方式，而电阻率测井是进行最终资料解释最重要的方法。

电阻率测井资料一般分为浅侧向和深侧向。浅侧向由于电极长度较小，一般只能反映井壁附近的电性特征，在电磁法数据处理中不具备广泛的参考价值。深侧向电极的长度较大，能够比较真实地反映地层的电阻率参数，在电磁法数据处理中具有重要的参考价值。

根据测区地层出露，用小四极测得的视电阻率统计见表8.2。

表 8.2　地层电性特征表

| 地层 | 主要岩性 | 电阻率变化范围/（Ω·m） | 平均电阻率/（Ω·m） | 样品数 |
|---|---|---|---|---|
| 蓬莱镇组（$J_3p$） | 砂岩，泥岩互层 | 14.0～100.0 | 65.0 | 35 |
| 遂宁组（$J_3s$） | 下部泥岩，上部泥岩夹砂岩 | 12.4～47.7 | 35.8 | 16 |
| 上沙溪庙组（$J_2s$） | 泥岩，砂岩互层 | 14.8～507.9 | 60.8 | 60 |
| 下沙溪庙组（$J_2xs$） | 泥岩，粉砂岩 | 17.0～250.7 | 85.4 | 22 |
| 新田沟组（$J_2x$） | 泥岩，粉砂岩，砂岩 | 17.6～194.0 | 55.6 | 15 |
| 须家河组（$T_3xj$） | 砂岩夹页岩 | 36.9～803.2 | 296.8 | 20 |
| 巴东组（$T_2b$） | 灰岩，泥灰岩 | 57.1～193.9 | 7 139.0 | 25 |
| 嘉陵江组（$T_1j$） | 白云质灰岩，白云岩与石膏互层 | 227.7～25 416.0 | 9 358.8 | 29 |

由表 8.2 可知：侏罗系蓬莱镇组、遂宁组、沙溪庙组及新田沟组地层电阻率差异不大，地层电阻率变化范围为几十欧姆米，普遍为低电阻层；上三叠统须家河组地层平均电阻率为几百欧姆米，相对侏罗系地层为中低阻层；巴东组和嘉陵江组地层电阻率为 7 000～9 000 Ω·m，呈中高阻电性特征。

本次野外测得部分岩性电阻率资料如表 8.3 所示。泥岩、页岩的电性特征往往为低阻响应；灰岩和膏岩的电阻率较大，呈高阻响应；含有次生灰岩和白云岩的电性特征为中高阻响应。

表 8.3　部分岩性电阻率统计

| 岩性 | 电阻率/（Ω·m） |
|---|---|
| 白云岩 | 2 000 |
| 灰岩 | >2 000 |
| 次生灰岩 | >1 000 |
| 膏岩 | >2 000 |
| 泥岩、页岩 | 几十～400 |

为进一步反映地层浅部电阻率信息,采用广域电磁法视电阻率曲线首支统计(表 8.4)进行测区的各地层电阻率特征分析。测区出露地层均为侏罗系砂岩,电阻率差异不大(图 8.7～图 8.12)。

表 8.4　视电阻率曲线首支统计

| 地层 | 电阻率/（Ω·m） | 平均电阻率/（Ω·m） | 电性特征 |
| --- | --- | --- | --- |
| 新田沟组（$J_2x$） | 20～100 | 68 | 低阻 |
| 珍珠冲组（$J_1z$） | 20～100 | 75 | 低阻 |
| 下沙溪庙组（$J_2xs$） | 20～200 | 90 | 低阻 |
| 上沙溪庙组（$J_2s$） | 10～200 | 83 | 低阻 |
| 遂宁组（$J_3s$） | 20～200 | 101 | 低阻 |
| 蓬莱镇组（$J_3p$） | 20～40 | 28 | 低阻 |
| 自流井组（$J_{1-2}z$） | 10～70 | 43 | 低阻 |

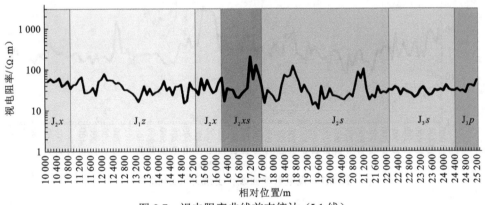

图 8.7　视电阻率曲线首支统计（L1 线）

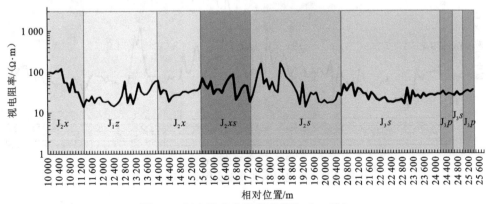

图 8.8　视电阻率曲线首支统计（L2 线）

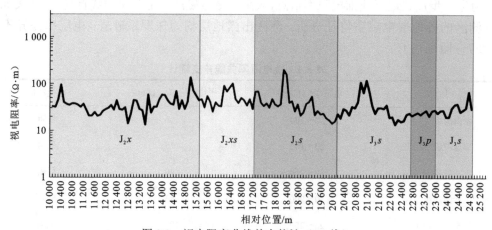

图 8.9　视电阻率曲线首支统计（L3 线）

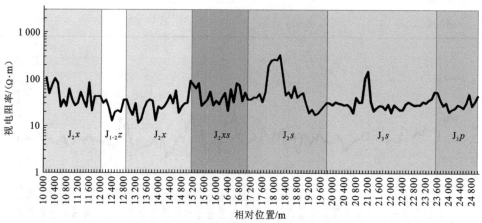

图 8.10　视电阻率曲线首支统计（L4 线）

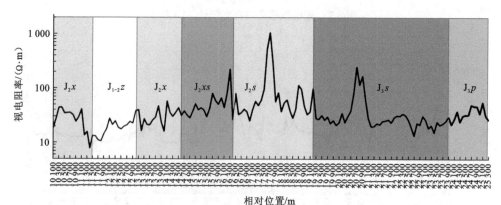

图 8.11　视电阻率曲线首支统计（L5 线）

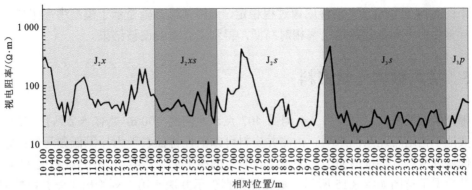

图 8.12　视电阻率曲线首支统计（L6 线）

## 8.2.4　大地电磁偏移成像数值试验

处理测区实测数据之前，进行大地电磁偏移成像数值试验，三维高低阻模型如图 8.13 所示，合成数据的偏移成像结果如图 8.14 所示。

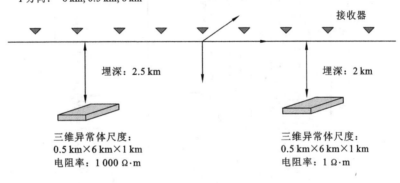

图 8.13　大地电磁高低阻地电模型

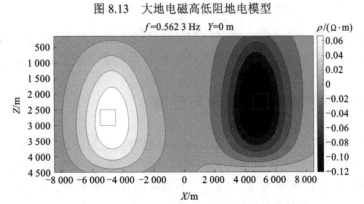

图 8.14　大地电磁高低阻地电模型偏移成像结果

由图 8.14 可以看出，偏移成像过程稳定，偏移结果正确显示了模型中高阻异常体和低阻异常体的空间位置及电阻率相对高低，得到了合理的偏移结果。

## 8.2.5　实测数据先验资料

根据掌握的资料，测区内 L4 测线 407 点东北向约 500 m 处有一个钻孔 C24，C24 井在大池干构造带北东侧末端。由测井资料可知电性特征表现为：①低伽马值；②高时差、低速度值；③层位纵向上主要位于长兴组的中下部（张兵，2010）。测区 C24 井岩性图及数据示意图如图 8.15 所示。最左侧数据表示井深，第二列给出了测井段的岩性。从第三列中可以看出井中存在三段地层，分别是飞仙组、长兴组、龙潭组。

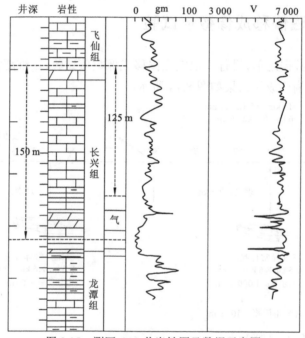

图 8.15　测区 C24 井岩性图及数据示意图

右侧的两条曲线分别为自然伽马曲线和自然电位曲线

对测区的 L4 测线进行地震勘探，得到 L4 测线的叠前时间偏移剖面，如图 8.16 所示。从地震剖面可以看出有一较为明显的背斜，在背斜的两翼可以看到断裂的存在。

## 8.2.6　测区实测数据偏移成像与反演

偏移成像利用窗口滤波器方法，某深度偏移成像位置对应测线处窗口中心位置，另外还需考虑窗口内实测数据信息量和测线长度。石宝寨测区平均测线长度约为 15 km，该区偏移成像解释可靠深度为 5~6 km。为验证偏移成像效果，对于二维反演，采用

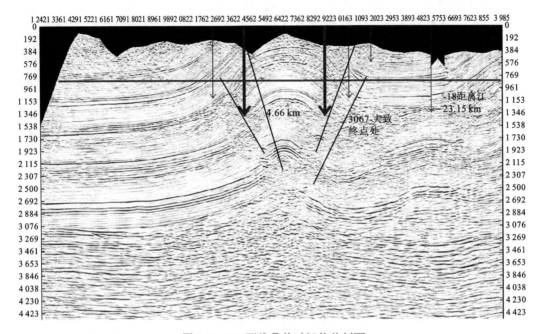

图 8.16　L4 测线叠前时间偏移剖面

横坐标为水平相对位置，单位 m；纵坐标为深度，单位 m

Mackie 等（2001）在 Winglink 软件中实现的非线性共轭梯度反演算法。每条测线的偏移成像结果与反演结果如图 8.17～图 8.28 所示。偏移结果的上下两图分别为视反射率和偏移电阻率，反映的均为相对数值。反演结果的横坐标为相对原点的水平位置，纵坐标为海拔高度及反演深度。色标为反演电阻率值，单位 Ω·m。

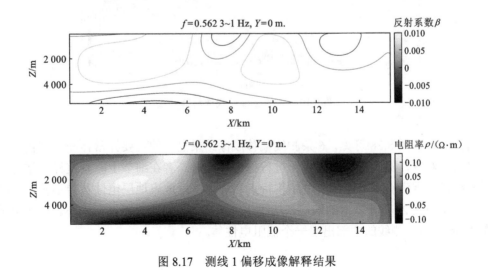

图 8.17　测线 1 偏移成像解释结果

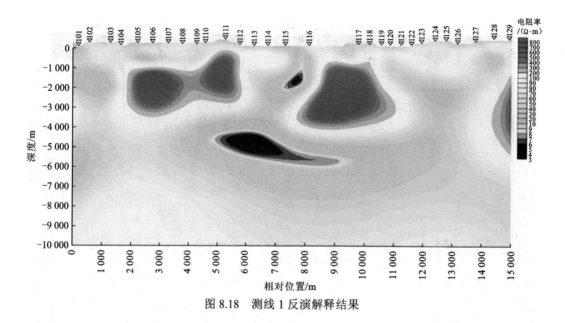

图 8.18　测线 1 反演解释结果

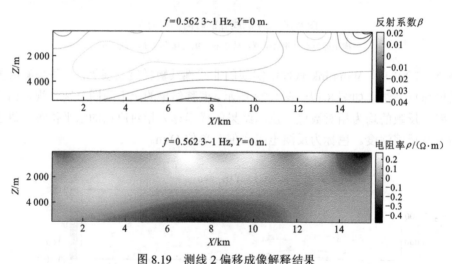

图 8.19　测线 2 偏移成像解释结果

由图 8.17～图 8.28 可见，6 条测线偏移成像结果显示的主要异常体和断裂构造与反演结果基本对应，实测数据偏移成像过程稳定，同时二者在细节上略有差异。结合偏移和反演结果，重庆石宝寨地区典型结构特点表现为：近地表地层电性差异不明显，高阻部分主要集中在 2.5 km 以上的地层，从线头至线尾，高阻的规模逐渐减小。反演结果显示在 4 km 左右，测线的中部出现一个低阻电性体。

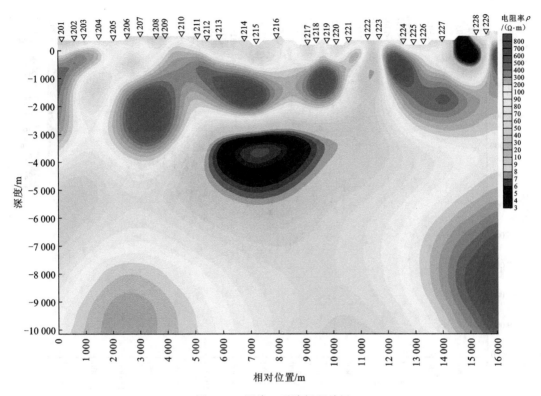

图 8.20　测线 2 反演解释结果

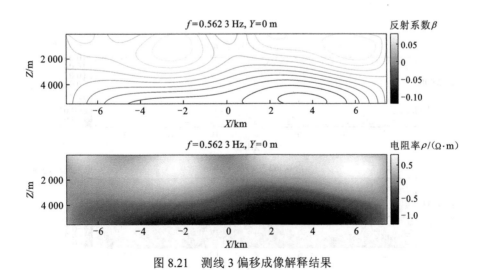

图 8.21　测线 3 偏移成像解释结果

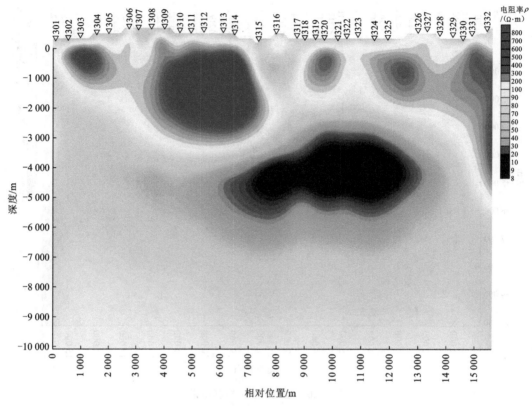

图 8.22　测线 3 反演解释结果

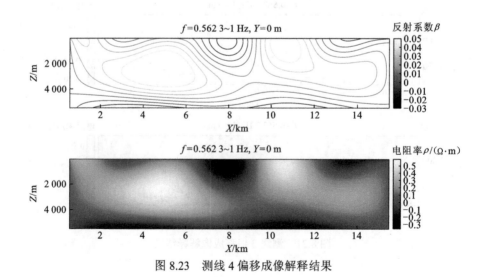

图 8.23　测线 4 偏移成像解释结果

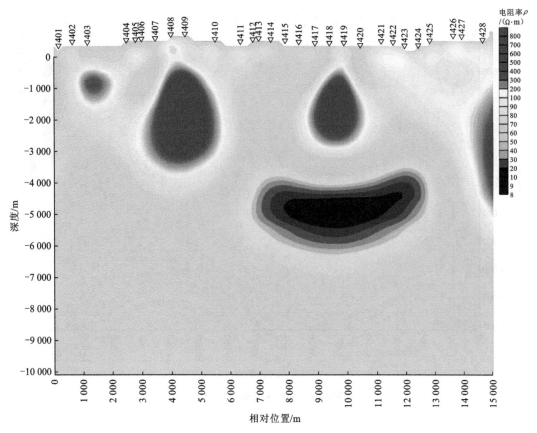

图 8.24　测线 4 反演解释结果

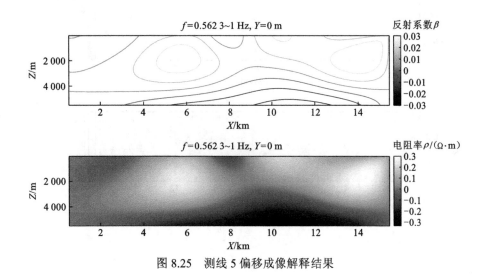

图 8.25　测线 5 偏移成像解释结果

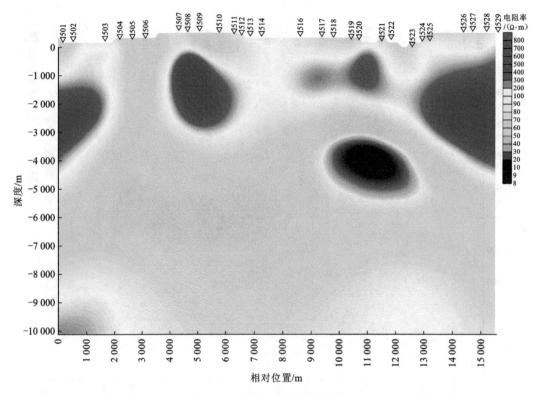

图 8.26　测线 5 反演解释结果

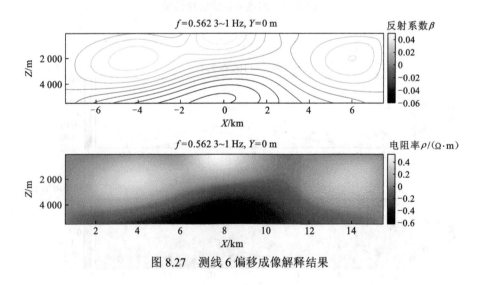

图 8.27　测线 6 偏移成像解释结果

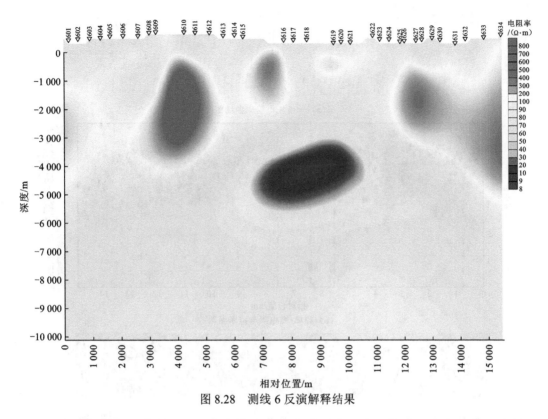

图 8.28　测线 6 反演解释结果

从偏移处理过程来看，与反演方法相比，偏移成像可靠深度有限，但成像速度快、涉及参数少、过程简单易行，因此，是一种快速的、模糊的成像方法。综合实际数据偏移处理情况可以看出，偏移成像技术稳定、成像可靠，可以应用于实际电磁数据处理，也可以将偏移成像结果作为初始模型代入一般反演方法参与反演。

## 8.2.7　L4 测线的连续反演与地质解释

将偏移成像结果作为参考，并结合已有的地质资料及地震和测井数据，对 L4 测线进行二维连续介质反演，并进行地质解释。

重庆石宝寨块广域电磁法 L4 测线，起始端点的高斯坐标为（228 251.415 4，3 374 234.139 3），结束端点高斯坐标为（218 471.055，3 385 607.076 9），全长 15.0 km，测点 150 个，点距 100 m。

如图 8.29 所示，L4 测线穿越区块内背斜构造，自测线起始端出露的地层有：中侏罗统新田沟组（$J_2x$）、中侏罗统下沙溪庙组（$J_2xs$）和上沙溪庙组（$J_2s$）、中侏罗统遂宁组（$J_3s$）和蓬莱镇组（$J_3p$）。从图 8.29 所示的一维、二维深度-视电阻率反演断面图可以看出，广域视电阻率反演断面图电阻率整体可以划分为三段。

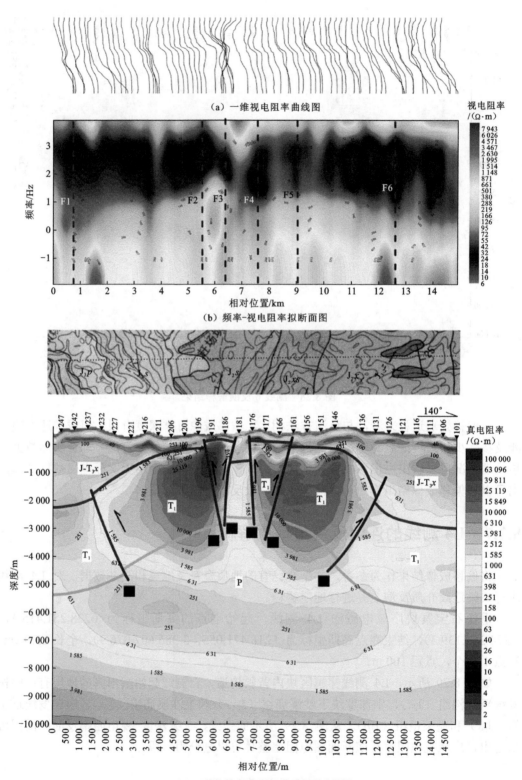

(a) 一维视电阻率曲线图

(b) 频率-视电阻率拟断面图

(c) 二维连续介质反演+地质解释成果图

图 8.29 重庆石宝寨 L4 测线反演断面图

（1）测点 247～227 段，可以分为三个电性层：在反演深度-3 000 m 以内电性层，电性特征为低电阻，局部有中低阻，总体上电阻率为几十至 700 Ω·m；在深度-7 000～-3 000 m 电性呈中低阻，电阻率值为 300～1 000 Ω·m；深度-7 000 m 以下电性层，中高阻逐渐凸显，电阻率值在 3 000 Ω·m 以上。

（2）测点 227～136 段，电阻率整体可以分为低阻-高阻-中低阻-中高阻 4 个电性层：测线浅部主要分布近似层状的低阻层，电阻率在 200 Ω·m 以下；在反演深度-4 000 m 以内电性层，存在两个团块状的高阻异常，电阻率在 2 000 Ω·m 以上，局部电阻率达到几万欧姆米，其中两高阻体之间被低阻体填充；在深度-7 000～-4 000 m 电性层，中低阻层中夹有低阻体，其中低阻体近似水平状，总体上电阻率为几十至 1 000 Ω·m；深部基底主要为中高阻，电阻率在 2 000 Ω·m 以上。

（3）测点 136～101 段，电阻率整体可以分为低阻-中低阻-高阻三个电性层：在反演深度-2 000 m 以内电性层，电性特征总体上为低电阻，电阻率在 200 Ω·m 以下；在深度-6 000～-2 000 m 电性层，电性特征表现为中低电阻，电阻率值在 200～1 000 Ω·m；深度-6 000 m 以下电性层，电阻率增大，电阻率值约为 2 000 Ω·m。

### 1. 断层展布

电阻率反演断面图由小号点至大号点（由西向东）出现了多处电阻率等值线畸变，推断在 1 400 m、5 600 m、6 800 m、7 300 m、8 900 m、12 300 m 处为断层的响应。联合视电阻率拟断面图和电阻率反演断面图，将断层分别命名为 F1、F2、F3、F4、F5、F6。F1 和 F6 为背斜两翼冲起构造所致的逆断层，对整个大池干构造起控制作用；F3 和 F4 为背斜核部的断层，由上至下错断了地层的连续性，对先存的褶皱构造有一定的改造作用；F2 和 F5 为冲起构造在冲起过程中应力释放所形成的逆断层，对先存的褶皱构造有一定的改造作用。纵观整个剖面，受冲起构造的影响，核部侏罗系由于被抬起而受到严重剥蚀。

### 2. 地层分布

测线自起始端到结束端穿过该区域内背斜构造和向斜平缓区。测线中间部分地段有老地层出露，两侧主要为新地层，但受构造作用影响，构造应力发生变化，造成断层发育，地层发生明显错断，地层产状发生变化。总体来讲，L4 线与 L3 测线地层分布相似。西北端反演深度在-3 000 m 以内，为侏罗系—上三叠统须家河组，沿东南方向厚度逐渐减小；东南端反演深度在-2 000 m 以内，为中侏罗统新田沟组—上三叠统须家河组；测线中部分布地层为侏罗系—中三叠统，其中测点 131～221 段为背斜核部，核部为老地层三叠系巴东组和嘉陵江组地层，背斜两翼及向斜宽缓区为新地层，在西北端相对宽缓的向斜区，局部伴有次级背斜和向斜构造，其中地层分布较平缓；在反演深度-5 000～-6 000 m 处，测线两端为三叠系，测线中部为二叠系，分析其地质构造原因，受冲起构造（逆冲推覆构造型式之一）作用的影响，褶皱核部地层（包括三叠系嘉陵江组和二叠系）整体抬升。

### 3. 基底起伏特征

L4 测线广域电磁法反演成像图的中部揭示深度为 7 km 以下，表现为中低阻，可能为志留系及以下地层，两侧高阻区可能仍为嘉陵江组。反演成像图深度内是否存在古老基底有待验证，因为古老基底成像特征表现为高阻。

按照对 L4 测线的地质解释及断层划分，可以将反演得到的地质解释线添加至偏移的结果中，如图 8.30 所示。经过比对不难发现，偏移结果与反演结果划分的高阻异常位置较为吻合，进一步证明了偏移结果的可靠性。

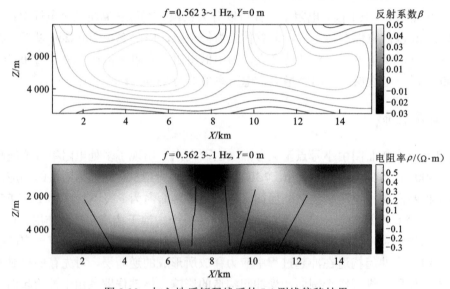

图 8.30　加入地质解释线后的 L4 测线偏移结果

# 参 考 文 献

张兵, 2010. 川东—渝北地区长兴组礁滩相储层综合研究. 成都: 成都理工大学.

MACKIE R L, RODI W, WATTS M D, 2001. 3-D magnetotelluric inversion for resource exploration//Seg Expanded Abstracts (1): 1501.